科技农业
高效农业

饲料用虫
养殖与利用技术

郎跃深　陈宗刚　主编

科学技术文献出版社
SCIENTIFIC AND TECHNICAL DOCUMENTATION PRESS
·北京·

图书在版编目(CIP)数据

饲料用虫养殖与利用技术 / 郎跃深，陈宗刚主编. —北京：科学技术文献出版社，2014.8

ISBN 978-7-5023-8609-2

Ⅰ. ①饲… Ⅱ. ①郎… ②陈… Ⅲ. ①活饵料—养殖 Ⅳ. ① S963.21

中国版本图书馆 CIP 数据核字（2014）第 079905 号

饲料用虫养殖与利用技术

策划编辑：孙江莉 责任编辑：孙江莉 责任校对：赵 瑗 责任出版：张志平

出 版 者 科学技术文献出版社
地 址 北京市复兴路15号 邮编 100038
编 务 部 （010）58882938，58882087（传真）
发 行 部 （010）58882868，58882874（传真）
邮 购 部 （010）58882873
官方网址 www.stdp.com.cn
发 行 者 科学技术文献出版社发行 全国各地新华书店经销
印 刷 者 北京金其乐彩色印刷有限公司
版 次 2014 年 8 月第 1 版 2014 年 8 月第 1 次印刷
开 本 850 × 1168 1/32
字 数 214千
印 张 10
书 号 ISBN 978-7-5023-8609-2
定 价 23.00元

编委会

主　编　郎跃深　陈宗刚

副主编　李　欣　张文香

编　委　张　杰　王凤芝　袁丽敏　刘玉霞

张志新　王　凤　王天江　杨　红

倪印宏　杨少民　姜晓波　李金明

前　言

昆虫种类繁多，其生物量可能超过陆地上所有动物的生物量，而且昆虫具有世代短、繁殖快、蛋白质含量高、营养丰富等特点，更为可贵的是许多昆虫能够利用人和其他畜禽不能利用的废物，因而据有关报道预测，在21世纪，昆虫将成为仅次于维生素菌体、单细胞生物之后的第三大蛋白质来源。

近年来，随着我国现代化、规模化畜牧业的迅速发展，饲料资源的缺乏日显突出。因此，开发饲用昆虫对缓解我国饲料资源的不足，减轻畜禽排泄物造成的越来越严重的环境污染问题，促进饲料工业及养殖业的发展具有重要的现实意义。

饲料用虫的养殖技术历经我国科技工作者数十年的实践和改进已经非常成熟，养殖投入小、生产成本低，无论是专项精养还是作为其他养殖的附属配套，都能够给养殖者带来可观的养殖效益。

为了帮助更多的养殖爱好者了解、掌握饲料用虫养殖的技术方法，笔者特将我国近年来的饲料用虫养殖实践经验整理成书奉献给大家，指引大家把饲料用虫应用到实际生产中，获取更好的养殖效益。

在此对编写过程中参考了相关资料的原作者致谢。但限于编者的水平，书中不妥和错误之处，敬请有关专家及读者批评指正。

编　者

目　录

第一章　黄粉虫的培养技术……………………………………………1
　一、黄粉虫的生物学特性…………………………………………1
　二、黄粉虫养殖前的准备…………………………………………6
　三、黄粉虫的饲养与管理………………………………………… 21
　四、黄粉虫病虫害的预防与控制………………………………… 49
　五、黄粉虫的采收与利用………………………………………… 61

第二章　蚯蚓的培养技术………………………………………… 72
　一、蚯蚓的生物学特性…………………………………………… 72
　二、蚯蚓养殖前的准备…………………………………………… 77
　三、蚯蚓的饲养与管理……………………………………………105
　四、蚯蚓病虫害的预防与控制……………………………………132
　五、蚯蚓的采收与利用……………………………………………136

第三章　蝇蛆的培养技术……………………………………… 151
　一、蝇蛆的生物学特性……………………………………………151
　二、蝇蛆养殖前的准备……………………………………………160
　三、蝇蛆的饲养与管理……………………………………………188
　四、蝇蛆病害的预防与控制………………………………………200

五、蝇蛆的采收与利用……………………………………………201

第四章　田螺的培养技术 ………………………………………… 208
一、田螺的生物学特性……………………………………………208
二、田螺养殖前的准备……………………………………………211
三、田螺的饲养与管理……………………………………………214
四、田螺病虫害的预防与控制……………………………………218
五、田螺的采收与利用……………………………………………221

第五章　福寿螺的培养技术 ……………………………………… 223
一、福寿螺的生物学特性…………………………………………223
二、福寿螺养殖前的准备…………………………………………228
三、福寿螺的饲养与管理…………………………………………233
四、福寿螺病虫害的预防与控制…………………………………244
五、福寿螺的采收与利用…………………………………………247

第六章　河砚的培养技术 ………………………………………… 249
一、河蚬的生物学特性……………………………………………249
二、河蚬养殖前的准备……………………………………………250
三、河蚬的饲养与管理……………………………………………251
四、河蚬病虫害的预防与控制……………………………………253
五、河蚬的采收与利用……………………………………………253

第七章　蜗牛的人工培育 ………………………………………… 255
一、蜗牛的生物学特性……………………………………………255
二、蜗牛养殖前的准备……………………………………………259
三、蜗牛的饲养与管理……………………………………………268

四、蜗牛病虫害的预防与控制……275
五、蜗牛的采收与利用……282

第八章 水蚯蚓的培养技术……284
一、水蚯蚓的生物学特性……284
二、水蚯蚓养殖前的准备……287
三、水蚯蚓的饲养与管理……288
四、水蚯蚓病虫害的预防与控制……292
五、水蚯蚓的采收与利用……292

第九章 卤虫的培养技术……295
一、卤虫的生物学特性……295
二、卤虫养殖前的准备……298
三、卤虫的饲养与管理……300
四、卤虫病虫害的预防与控制……305
五、卤虫的采收与利用……305

参考文献……308

◆ 第一章

黄粉虫的培养技术

黄粉虫俗称面包虫，是人工养殖最理想的饲料昆虫之一。黄粉虫的幼虫除粗蛋白质、脂肪含量高外，还含有多种糖类、氨基酸、维生素、激素、酶及矿物质磷、铁、钾、钠、钙等，可直接作为活体动物蛋白饲料，因其营养成分高于各类活体动物蛋白饲料之首，被誉为“蛋白质饲料的宝库”。

一、黄粉虫的生物学特性

1. 黄粉虫的形态学特征

黄粉虫属完全变态昆虫，成虫、卵、幼虫、蛹的形态各不相同。

（1）成虫：黄粉虫成虫（图1–1）长椭圆形，头密布刻点，刚羽化的成虫第一对翅柔软，为白色，第二天微黄色，第三天深黄褐色，第四天变黑色，坚硬成为鞘翅，体长约7～19毫米，宽3～6毫米，身体重0.1～0.2克。

图1–1　黄粉虫成虫

（2）卵：黄粉虫卵（图1–2）较小，长径约0.7～1.2毫米，短径约0.3～0.8毫米，长椭圆形，乳白色，卵壳较脆软，容易破裂，外被有黏液。内层为卵黄膜，里面充满乳白色的卵内物质。

图1–2　黄粉虫卵

（3）幼虫：刚孵出幼虫（图1–3左图）白色体长约2毫米，以后蜕皮9～12次，体色渐变黄褐色。老熟幼虫（图1–3右图）长22～32毫米，最宽处3～3.5毫米，重0.13～0.26

克，节间和腹面为黄白色。头壳较硬为深褐色，各转节腹面近端部有2根粗刺。

图1-3　黄粉虫幼虫

（4）蛹：刚由老熟幼虫变成的蛹（图1-4）乳白色，体表柔软，之后体色变灰色，体表变硬，为典型的裸蛹，无毛，有光泽，鞘翅伸达第三腹节，腹部向腹面弯曲明显。透明部背面两侧各有一较硬的侧刺突，腹部末端有1对较尖的弯刺，呈“八”字形，腹部末节腹面有1对不分节的乳状突，雌蛹乳状突大而明显，端部扁平、一向两边弯曲，雄蛹乳状突较小，端部呈圆形，不弯曲，基部合并，以此可区别雌雄蛹。蛹长15～20毫米，宽约3毫米，重约0.12～0.24克。

图1-4　黄粉虫蛹

2. 主要生活习性

（1）群集性：黄粉虫不论幼虫及成虫均集群生活，而且在集群生活下生长发育与繁殖得更好，这就为高密度工厂养殖奠定了基础。但饲养密度也不宜过大，当密度过大时，一来提高了群体内温度，造成高温死虫，二来相应的活动空间减少，造成食物不足，导致成虫和幼虫食卵及蛹。

（2）负趋光性：黄粉虫的幼虫及成虫均避强光，在弱光及黑暗中活动性强，因此人工饲养黄粉虫应选择光线较暗的地方，或者饲养箱应有遮蔽，防止阳光直接照射。

（3）假死性：幼虫及成虫遇强刺激或天敌时即装死不动，这是逃避敌害的一种适应性。

（4）自相残杀习性：黄粉虫群体中存在一定的自相残杀现象，各虫态均有被同类咬伤或食掉的危险。成虫羽化初期，刚从蛹壳中出来的成虫，体壁白嫩，行动迟缓，易受伤害；从老熟幼虫新化的蛹体柔软不能活动，也易受到损伤，而正在蜕皮的幼虫和卵，都是同类取食的对象。所以，控制环境条件，防止黄粉虫的自相残杀、取食，是保证人工饲养黄粉虫成功的一个重要问题。自残影响产虫量，此现象发生于饲养密度过高，特别是成虫和幼虫不同龄期混养更为严重。因此，要根据虫体的特性进行分离和分群管理。

（5）运动习性：成虫、幼虫均靠爬行运动，极活泼。为防其爬逃，饲养盒内壁应尽可能光滑。

（6）食性：对食物营养的要求：黄粉虫属杂食性昆虫，能吃各种粮食、麦麸、米糠、油料及各种蔬菜。幼虫还吃榆叶、桑叶、桐叶、豆类植物叶片等。

3. 对环境条件的要求

黄粉虫的生长活动与外界温度、湿度、光照、养殖密度有密切相关。

（1）温、湿度：黄粉虫是变温动物，其生长活动、生命周期与外界温度、湿度密切相关。各虫态的最适温度和相对湿度见表1-1。

表1-1　黄粉虫各虫态的最适温度、湿度

虫态	最适温度（℃）	最适相对湿度（%）
成虫	24～34	55～75
卵	24～34	55～75
幼虫	25～30	65～75
蛹	25～30	65～75

温度和湿度超出这个范围，各虫态死亡率较高。夏季气温高，水分易蒸发，可在地面上洒水，降低温度，增加湿度。梅雨季节，湿度过大，饲料容易发霉，应开窗通风。冬季天气寒冷，应关闭门窗在室内加温。

（2）光照：黄粉虫对弱光有正趋性，对强光有负趋性，但它们最喜欢在较弱的暗光下活动。因此，在人工饲养环境中应创造一个光线较暗的环境。但不同的光照时间对黄粉虫成虫的产卵量有较大的影响。成虫在自然较弱光照条件下，产卵量多、孵化快、成活率高。若遇强光长期连续照射，则会向黑暗处逃避，若无处躲避则会出现产卵减少、繁殖力降低，导致种群退化。

（3）养殖密度：黄粉虫幼虫性喜集群生活，在高密度的群体生活中，能引起幼虫之间的相互取食竞争，其益处是能引起彼此快速进食和发育成长。但若在密度过大和食物缺乏时，则会出现生长缓慢，相互竞争激烈和自相残杀现象，死亡率较高。

二、黄粉虫养殖前的准备

随着黄粉虫需求量的越来越大，仅靠过去那种简单的养殖已不能满足养殖生产需要。工厂化养殖黄粉虫是目前较为先进的饲养方法，适合中、大型规模养殖。

（一）养殖场地的选择

黄粉虫对饲养场地要求并不高。养殖场地要宽敞，最好选择远离闹市嘈杂的公路及距化工厂远些的地方，其最适应农村安静的环境，周围没有什么污染源。

（二）养殖方式的选择

目前，黄粉虫人工养殖的方法根据规模的大小，可以分为家庭式养殖和工厂化养殖2种。在家庭式养殖模式中，一般月产量50～100千克以下，饲养设备较简单，难以统一工艺流程、技术参数，常用盒、缸、木箱、纸盒、砖地等器具进行饲养，只要容器完好，无破漏，内壁光滑，虫子不能爬出，即可使用，并且不需要专职人员喂养，利用业余时间即可。进行黄粉虫工厂化规模生产可充分利用闲置空房，但为了集约化管理，最好相近连片，形成一定的产量规模。

1. 盘养

盘养黄粉虫，适合月产量5 千克以下的养殖，饲养设备简单、经济，如塑料盘（图1–5）、铁盘等，只要容器完好，无破漏，内壁光滑，虫子不能爬出，即可使用。若内壁不光滑，可贴一圈胶带纸，围成一个光滑带，防止虫子外逃。

图1–5　塑料盆养殖

2. 木盒养

木盒（图1–6）有一定的吸潮作用，即使饲料湿度大一些，木盒也能吸收，盒底不会出现明水，对黄粉虫不会造成危害。木盒一般为长方形，较为轻巧，搬动方便，可一层层叠放，能充分利用空间，减少占地面积，符合工厂化生产的要求。

图1–6　木盒养殖

为方便操作，应制作统一规格的木盒。养殖户可根据饲养室的大小，制作规格在长80～100厘米、宽45～50厘米、高6～8厘米的敞口木盒。盒内壁应无钉眼、无缝隙、无虫钻痕迹，在四周镶上装饰板条或粘贴胶布固定好作光滑的衬里，也可刷上油漆，以防虫逃。底板用纤维板钉严，刷上油漆，以防虫咬。

3. 池养

一般是建筑平地水泥池，多用于大面积饲养幼虫。根据饲养室大小，常见为正方形（200厘米×200厘米×15厘米）或长方形（250厘米×150厘米×15厘米）的池子。池内壁粘贴光滑瓷砖以防逃，池底建地下火道用于升温。因面积较大，饲养人员可进入池中进行日常管理。养殖池用途较多，还可用来储放黄粉虫或用于其他方面，缺点是单位面积利用率低。

4. 房养

黄粉虫原是在仓库中生活的昆虫，因而人工养殖也是在室内进行。为了减少投资，减轻风险，最好充分利用闲置的空旧房，如旧的厂房、民房、废弃了的仓库等，但是这些空旧房要求必须没有堆放过农药、化肥和其他刺激性气味的物品，如油漆、柴油等。同时饲养房要求通风要好，室内光线要暗。所用房间必须堵塞墙角孔洞、缝隙，并粉刷一新，以达到防鼠、灭蚁、保持清洁的目的。在经济条件允许的情况下，可以建设专用的养殖温室：房间需利用太阳能的采热原理建造，既可利用太阳能，又能充分利用空间，使二者优点集为一体。无论从那一个角度讲，都可以给黄粉虫创造一个有利于生长、繁殖的优良条件。饲养室的大小可视养殖黄粉虫的多少而定，一般20平方米的一间房能养300～500盘。

（1）层顶：冬季，可以根据屋子的宽度，用整幅的塑料布距地面高度2米封顶，这样不会有露水滴落。为了不让塑料布顶棚上鼓下陷，可横着每50～80厘米拉一道铁丝，把塑料布上下编好封边（固定铁丝、拉紧，可用钩膨胀螺丝或尖铁）。也可以在房间内距2.5米高度左右纵横均匀地拉好网面用厚度在5厘米以上塑料泡沫板，平整依次地放在拉好的铁丝网面上固定，起到保温、隔热的效果。

（2）地面：室内地面要做到平整光滑，最好能用砖地面，吸水性好、可以调湿，降温快，冬暖夏凉。也可以用水泥等砂浆抹平，既便于搞好养殖卫生，又便于拣起掉在地上的虫子。

（3）墙壁、窗户：为能较好地防止老鼠、壁虎、鸟类、蜘蛛等的侵害，门、窗都要装纱窗，用质量无需太好的、宽2.5米的塑料布封好，不但防害，而且干净保温。特别值得一提的是排气扇要在前面或者后面用纱网罩住，否则，野鼠、鸟类很容易从其中进入。

（4）电源：为便于管理，应有可靠的电源。

（5）冬天升温设备：可根据各自的条件选择，只要保证温、湿度合适即可。

①煤炉：要根据饲养房的大小来选择，一般大小的饲养房推荐的升温设备是普通的煤炉。煤炉容易买到而且价格不高，使用成本低，效果也比较理想。煤炉的安装方法是先把要使用的煤炉安装在饲养间比较宽敞的地方，再用铁皮管道将煤炉的排烟口接至房间外面。在使用时一定要注意不可泄露太多的煤烟在养殖房内，如果在房间内能闻到煤烟味就说

明煤烟的含量已经超标，要迅速打开门窗通风换气，检查煤炉或烟道是否有破损的地方，及时修复或更换，以免造成不必要的损失。

②火炕加热法：若是大规模饲养的房间可以利用火炕加热法，火炕加热法就是参照北方火炕加热的方法再进行改进而做的。把整个饲养房的地面看作是一个火炕，在黄粉虫养殖房地面下挖成“日”字形，用砖或者烟囱管做成管道，进火口位于室外，灶膛位于室内，中间烟道与进火口之间设置分火砖，可将烟分成三股进房，出烟口与中央烟道相对，三股烟道回合后连接出烟口排出房外的烟囱。在烧火时，热量随着火道散热，使房子地面好像火炕一样变热，从而使房内变暖。由于火炕加热法使整个房间地下均变热，所以该法能保持较长久恒定的室温。这种加温方法由于是干热，容易造成整个房间的干燥，所以在加热时要在室内放一桶水，这桶水最好放在室内的灶膛上。火炕加热法可用有烟煤作燃料，也可用农作物秸秆作燃料，经济方便。

③火墙（暖墙）：将炉口建在房外，暖墙建在房内，一头连接炉子，另一头连接烟筒。暖墙，实际上就是烟道，可用烧制的砖砌成，离地面25厘米，将内部修成向烟筒方向逐渐升高的斜坡，烟筒应高于房顶1米以上，燃料多用煤、木柴等。

④地下烟道：在饲养房（池）内修筑地下烟道，是我国农村使用最普遍的一种保温方式。地下烟道修砌方法：按设计的烟道路线挖宽35厘米、近火炉端深25厘米、近烟囱端深15厘米的倾斜沟，在沟内用砖砌高11厘米、宽20厘米的烟道，上面铺上砖或双层瓦，烟道的接缝处要用水泥砂浆封

严，不能让烟火从接缝处冒出，以免中毒。用煤渣、河沙等将沟填平，并在地面下铺一层5厘米厚的灰沙三合土。在烟道进口处用煤炉加温。煤炉用炉灰等蒙严，只留一个指头般大的通气孔，让煤缓慢地燃烧，每天只需早、晚各加1次煤。烟道出口端的舍外砌一个烟囱。

5. 棚养

养殖黄粉虫也可建筑简易大棚养殖，是一种高效而廉价的养殖新方法。

选择地面平坦、阳光充足的地方，建一面坡式坐北朝南塑料日光温室。为做到通风透气，要比一般塑料温棚高一些。用大棚养殖黄粉虫，要做好温度、湿度调控。黄粉虫的最适宜生长温度为24～35℃，若超过40℃则会死亡，低于12℃进入冬眠。为采光升温，在晴天要早揭草苫，充分利用光照，增加棚内温度，多蓄热；下午早盖苫保温。夜间温度低时，可在大棚内点燃煤炉，使温度至少保持在20℃以上。若大棚内湿度太低时，可在煤炉上放水壶，让水壶里的水经常保持沸腾状以增湿增热。冬季在门窗上挂厚草帘或棉被以保温，夏季在大棚上覆盖遮阳网以降温。

大棚养殖可以使自然采光和人工加温相结合，创造一个恒温条件。

（1）建造材料：建造日光温室的材料应根据温室的结构和投资大小而定。考虑经济因素和保温效果，一般以砖木结构为主。所需要的材料有砖、水泥、细沙、蛭石或珍珠岩（保温材料）、中柱、上檩、椽子、木板（1厘米厚）、稻草、竹子、铁丝、塑料薄膜、压膜线、草苫等。

（2）日光温室的结构：日光温室主要由墙壁、走廊、养殖地或饲养架、顶棚、进气孔和天窗等部分构成。

①墙壁：为了保温，日光温室的墙壁采用双层夹心式——外层建24厘米厚的墙，内层建18厘米厚的墙，中间留18厘米宽的夹缝，用蛭石或珍珠岩等保温材料填充。

②走廊：为便于管理，应留出入行道，宽度以50～60厘米为宜。

③顶棚：顶棚建成起脊式，用中柱支撑。南坡用竹竿做骨架，扣以塑料薄膜，上覆草苫。北坡用上檩、椽木建造，上覆木板、草泥、稻草等物。

④进气孔与天窗：为了创造一个良好的空气流通环境，应在日光温室内设置进气孔和天窗，以保证室内有足够的新鲜空气。进气孔的内径为20厘米，设置在主火道两侧，与主火道平行。这样，室外部分冷空气进入室内时，通过火道近旁高温的加热而变暖，不会因空气流通而降低室温。天窗设在北坡，每个间隔5米左右的距离，大小以40厘米见方为宜。

（3）结构参数（供参考）：从地面到脊项高2.5米左右，内侧跨度5米，前坡内侧与地平面的夹角25°～28°，后坡内侧与地平面的夹角35°～40°，高度与跨度的比例1∶2，前后坡的比例4∶1，墙体厚60厘米以上，后坡厚30厘米以上，草苫厚3～5厘米。

（三）饲养用具的准备

黄粉虫饲养用具主要有立体养殖架、养殖箱（盘）、产卵筛（40～60目）、虫粪筛（20～60目）、选级筛（10～12目）、选蛹筛（6～8目）。

饲养架、养殖箱（盆）、分离筛等应该自制，可以降低成本，所需的原料主要有木板、三合板（1.2米×2.44米）、胶带（7.2～7.5厘米）。自制的用具等规格应一致，以便于技术管理。饲养盘通常是选用实木材来制作。在选择木材时要先了解一下木材的性质，没有特殊气味的木材都可作为原材料来使用。在使用密度板、纤维板、木合板、胶合板的时候也应注意最好选用旧的材料，或是经过长期挥发后的材料。因为人工合成的各类板材均含有不同量的化学有机溶剂。如果资金不足也可以用纸箱来代替饲养盒，纸箱的成本低，但耐用程度不如各类木制的盒子，也受湿度的影响。

1. 饲养架

为了提高生产场地利用率、充分利用空间、便于进行立体饲养，可使用活动式多层饲养架（图1–7）。

图1–7　多层饲养架

可选用木制或三角铁焊接而成的多层架，要求稳固，摆上养殖箱（盆）后不容易翻倒。要注意的是要根据空间设计架子，一般高度为1.6～2米，层距20厘米，养殖箱（盘）放置于木条和架子大小的层架上，每层放置1个或2个养殖箱

（盘），箱（盘）的大小和架子大小要相适应，以避免浪费。饲养架第一层要距地面30厘米，脚四周贴上胶带，使之表面光滑以防止蚂蚁、鼠等爬上架。为了实用和降低成本，可以根据具体情况，因地制宜，在保证规格统一的前提下，自行设计，饲养架高度可以根据生产车间及操作方面程度做适当调整。

（1）选好要使用的方木条，根据饲养车间的大小截出相应的尺寸，选出作为木架支撑腿的木条在上面画好距离（距离要根据横木条的尺寸来定、高度要根据饲养车间的高度来定），一般两个横木条之间的距离为14厘米。

（2）将支撑腿找一块平整的水泥地面依次排开间距为90厘米或95厘米，先将一根横木条固定在几根支撑腿的最上方（按原先测量好的标记），固定好最上方之后再固定最下方的横木条，然后固定中间的横木条，间距要统一。最后把所有的横木条依次固定在支撑腿上（固定方法用铁钉、木槽加木胶都可以），这样饲养架的一半基本上就做好了。

（3）用同样的方法将饲养架的另一面也做好，再用40厘米长的木条将两个做好的饲养架连接、固定在一起，一个标准的黄粉虫饲养架就做好了。

2. 养殖箱（盘）

养殖箱（盘）用于饲养黄粉虫幼虫、蛹以及收集成虫产的卵和在其中进行卵的孵化（也叫孵化箱）。

养殖箱（盘）可以购买成品塑料箱，也可自行制作。自行制作养殖箱（盘）时，其规格、大小可视实际养殖规模和使用空间来确定，可大可小，但要求箱内壁光滑，不能让幼虫爬出和成虫逃跑。

养殖箱（盘）最佳尺寸为宽40厘米、长80厘米、边高8厘米，这样每张三合板正好做9个盒底，不浪费材料，而且刚好与透明胶带宽度适宜。三合板的光滑面在盒外面，为使胶带牢固不让虫子外逃和咬木，要贴好胶带再组装盒子。靠盒底部多留2毫米胶带和底封严。一个孵化箱可放孵化3个卵箱筛的卵纸，但应分层堆放，层间用几根木条隔开，以保持良好的通风。

塑料材质也可，但是1～2月龄以上的幼虫应养于木质箱内，以增加空气的通透性，防止水蒸气凝集。

（1）先将各种板材（有特殊气味的不行）切割成80厘米长、40厘米长、宽度为8厘米、厚度为0.8厘米或0.9厘米或1厘米的各一块（注意这些板块必须要有一面是光滑的，以便粘贴透明胶带）将准备好的透明胶带平整的、用力的粘贴在光滑面。

（2）再用小铁钉或气枪钉将四块木板钉成一个长80厘米、宽38厘米、高8厘米的木框。四个角的连接处还要用长一些的铁钉进行二次加固，以防使用时开角脱落。

（3）将钉好的木框放在平整的水泥地面上，把切割好的木盒底板（80厘米×40厘米的胶合板）放在上面用小铁钉或气枪钉固定在上面。这样一个标准的黄粉虫饲养盘就做成了。

在加工饲养盘前，先在四周边料的内侧粘贴宽胶带，由底线往上、底缘略有富裕，在针底板时压在底板和四周侧板中间，四壁及底面间不得有缝隙，可以保证黄粉虫幼虫、成虫不会沿壁爬出。

3. 分离筛

分离筛可以用于筛除不同大小的虫粪和分离不同大小的

虫子。用于不同用途通常其筛孔的目数也是不同的。所谓目，就是每英寸（相当于2.54厘米）长度上筛孔的个数，并以此数目为编号，以目来表示。如每英寸长度上有4个筛孔的，即称4目筛，有6个筛孔的为6目筛，以此类推。

分离筛分为两种，一类用于分离各龄幼虫和虫粪，幼虫与虫粪的分离筛由8、20、40、60目铁丝网或尼龙丝网作底制作而成；另一类用于分离老熟幼虫或蛹，四周用1厘米厚的木板，由3～4厘米孔径的筛网做底制作而成。

分离筛在使用时，可以架托在一个支架上，通过来回往复动作，筛落虫粪或小虫体，从而达到分离的目的。

（1）用于分离虫粪和各龄幼虫：幼虫与虫粪的分离筛有20、40、60目3种网眼的筛子。3～4龄前幼虫用60目筛网筛除虫粪，4～10龄幼虫宜用40目筛网筛除虫粪，10龄以上幼虫宜用20目筛网筛除虫粪。

①先将各种板材（不要使用有特殊气味的板材）切割成75厘米长、35厘米长、宽度为7厘米、厚度为1.2厘米的各一块（注意这些板块必须要有一面是光滑的，以便粘贴透明胶带）。将准备好的透明胶带平整的、用力的粘贴在光滑面。

②再用小铁钉或气枪钉将四块木板钉成一个长75厘米、宽37.4厘米、高7厘米的木框。四个角的连接处也要用长一些的铁钉进行二次加固，以防使用时开角脱落。

③将钉好的木框放在平整的水泥地面上，把标准的10目铁筛网平放在木框上面再用等量长短的细木条（厚度最好为0.8厘米或0.9厘米）先将筛网的一面固定在木框上面，切记在固定另面时必须要将筛网用力拉平然后再进行固定。这样做出的产卵筛平整耐用，也利于成虫的产卵。

（2）用于分离老熟幼虫和蛹：制作与第一种基本相同，不同的是筛网的网眼是用8目。

4. 产卵盘

产卵盘与生产饲养盘规格统一，便于确定工艺流程技术参数。

成虫产卵的多少及管理方法是否得当直接关系到商品虫的产量高低与养殖效益的好坏，必须予以重视。成虫的产卵盘可用养殖幼虫时的虫粪筛，也可专门制作。为方便操作，产卵盘规格要小于接卵盒，以便产卵筛能放到养殖盘里面。通常就是四周的木板长度每条减少3～5厘米。卵筛的内壁要镶光滑的衬里或贴上透明胶带以防止成虫逃跑。卵筛敞口面四周垂直于盒壁，钉上正面朝里6厘米宽的装饰板条。为经久耐用，底部最好装钉铁纱网，网眼大小为40～60目，以便成虫将产卵管伸出筛网产卵；装钉铁纱网时可用厚15毫米左右的木条作压条钉牢，使铁纱底与接卵纸之间有一定的距离，以防止成虫食卵。每个产卵筛还要装配一个略大于底部的接卵盒（也可直接用幼虫养殖木盒作接卵盒），接卵盒用纤维板和木条制成，并铺上报纸或白纸，撒一层薄薄的麦麸。若接卵盒底较为光滑洁净，不会损坏虫卵，也可不用报纸或白纸，直接将麦麸撒在盘底上，让卵落在上面。

5. 产卵筛

与养殖盘制作基本一样，不同的是产卵筛不能太大也不能太小，要略小于养殖盘3～5厘米；养殖盘的底部是三合板，产卵筛的底部是铁纱网，且筛网为40～60目。封筛网的木条不要太厚，宜在0.8厘米，这样利于成虫产卵和节省麦麸。

产卵筛与接卵盒的配套一般是5个卵筛配数个养殖

（卵）盒。为防止成虫取食虫卵，一般均将成虫放在卵筛中饲养，再将卵筛放入卵盒内，以避免卵受到成虫的危害。

6. 孵化箱和羽化箱

黄粉虫的卵和蛹，在发育过程中外观上是静止不动的。为了保证其最适温度和湿度需求，并防止蚁、螨、鼠、壁虎等天敌的侵袭，最好使用孵化箱和羽化箱。孵化箱和羽化箱规格为：箱内由双排多层隔板组成，上、下两层之间的距离以标准饲养盘高度的1.5倍为宜，两层之间外侧的横向隔离板相差10厘米，便于进行抽放饲养盘的操作。左右两排各排放5个标准饲养盘；中间由一根立锥支柱间隔；底层留出2个层间距以便置水保湿。在规模较大的生产养殖条件下，可以独立建设一个羽化、或孵化房间，达到同样的效果。

7. 其他

温度计和湿度计、旧报纸或白纸（成虫产卵时制作卵卡）、塑料盆（不同规格的，放置饲料用）、喷雾器或洒水壶（用于调节饲养房内湿度）、镊子、放大镜、菜刀、菜板等。

（四）饲料选择与配制

1. 黄粉虫的饲料种类

黄粉虫饲料来源以农副产品及食品加工副产物等为主，各地应该因地制宜，充分利用当地资源优势，降低成本，提高效益。

（1）麦麸：麦麸包括小麦麸和大麦麸，由种皮、糊粉层及胚芽组成。黄粉虫饲养的传统饲料以麦麸为主，以各种无毒的新鲜蔬菜叶片、果皮、西瓜皮等果蔬作为补充饲料，是黄粉虫维生素和水分的来源。

（2）米糠类：米糠是把糙米精制白米时所产生的种皮、外胚乳和糊粉层的混合生产物。米糠含能量低，粗蛋白质含量高，富含B族维生素，含磷、镁和锰多，含钙少，粗纤维含量也高。

（3）玉米面：玉米面是玉米制成的面粉，含有蛋白质、脂肪、亚油酸、维生素E、钙、铁及大量的赖氨酸和纤维素等。

（4）饼粕（渣）类：饼粕类是豆类籽实及饲料作物籽实制油后的副产品。压榨法制油后的副产品称为油饼，溶剂浸提法制油后的豆产品为油粕。常用的饼粕有大豆饼粕、花生饼粕、棉仁（籽）饼粕、菜籽饼粕、胡麻饼、葵花子（仁）饼粕、芝麻饼、椰仁粕、豆腐渣、酒糟等。

（5）动物性蛋白饲料类：动物性蛋白饲料包括鱼粉、肉粉、肉骨粉、血粉、家禽屠宰场废弃物、羽毛粉等。

（6）果渣类：果品经罐头厂、饮料厂、酒厂加工后的果渣（果核、果皮和果浆等）经适当的加工即可作为黄粉虫的优良饲料。

（7）农作物秸秆：成熟的农作物秸秆，包括玉米秸、玉米芯、豆秆、稻草、花生藤、花生壳、木薯秸秆、甘蔗渣、剑麻渣以及某些野生植物等。

2. 饲料参考配方

在配制饲料时，首先要选择适合自己实际情况的饲料配方，充分考虑原料来源、配方质量及饲料成本等因素。下面提供几组饲料配方供参考。

（1）幼虫饲料参考配方

配方一　麦麸70%，玉米粉25%，大豆4.5%，饲用复合维生素0.5%。若加喂青菜，可减少麦麸或其他饲料中的水分。

配方二　麦麸70%，玉米粉20%，芝麻饼9%，鱼骨粉1%。加开水拌匀成团，压成小饼状，晾晒后使用。也可用于饲喂成虫。

配方三　麦麸10%，玉米粉5%，大豆40%，饲用复合维生素0.5%，其余用各种果渣生物蛋白饲料。将以上各成分拌匀，经过饲料颗粒机膨化成颗粒，或用16%的开水拌匀成团，压成小饼状，晾晒后使用。

配方四　麦麸20%，玉米粉5%，大豆40%，饲用复合维生素0.5%，其余加酒糟渣粉。将以上各成分拌匀，经过饲料颗粒机膨化成颗粒，或用16%的开水拌匀成团，压成小饼状，晾晒后使用。

配方五　麦麸70%，玉米粉25%，大豆4.5%，饲用复合维生素0.5%。

（2）成虫饲料参考配方：成虫饲料配方一般营养要求较高，因为饲料的营养直接影响种虫的寿命及产卵量。

配方一　麦麸75%，玉米粉15%，鱼粉4%，食糖4%，复合维生素0.8%，混合盐1.2%。

配方二　纯麦粉（质量较差的麦子及麦芽磨成的粉，含麸）95%，食糖2%，蜂王浆0.2%，复合维生素0.4%，饲用混合盐2.4%。

配方三　劣质麦粉95%，食糖2%，蜂王浆0.2%，复合维生素0.4%，饲用混合盐2.4%。

配方四　麦麸55%，马铃薯30%，胡萝卜13%，食糖2%。

三、黄粉虫的饲养与管理

（一）引入种源

黄粉虫经过多年的人工饲养，黄粉虫群体会出现退化现象。种群内部经繁殖数十代，甚至上100代，因是近亲繁殖，加上人工饲养中会有一些不适宜的环境因素，使部分黄粉虫生活能力降低，抗病能力变差，生长速度变慢，个体变小。因此，引种直接关系到黄粉虫养殖的成败，在引种时应注意以下几方面的问题。

1. 做好引种前的准备工作

首先应仔细阅读有关黄粉虫的书籍，初步掌握黄粉虫的生活习性、管理技术、疫病防治等技术要点，了解当地的市场行情与销售途径，谨慎减少养殖风险，根据实际需要筹建黄粉虫养殖场地。

黄粉虫场地的建造力求要符合其生活习性，适宜的环境是动物生产性能正常表现的条件，并做到便于管理、利于防病、适于生长繁殖。

引种前要做好一些饲料和饲养盒、饲养架等用具，以便种虫引回来之后便于饲养。订种前对黄粉虫养殖场地及用具进行彻底消毒，消毒方式可以用石灰水对场地全面喷洒，用高锰酸钾按1：50的比例对用具喷洒。如果是开始饲养或是黄粉虫发生疾病后重新饲养，可以在彻底清扫后，用高锰酸钾和福尔马林以1：1的比例密闭熏蒸48小时消毒，这样可以杀灭一切可能存在的病原体和害虫，没有任何死角，消毒比较彻底。但要注意密闭熏蒸48小时后，要通风5天以上才可以开始启用，否则容易引起黄粉虫中毒。

2. 掌握引种季节

黄粉虫引进种虫的季节最好选择在4～5月为好，其次是9～10月份两个时期，因为这两个季节的温差变化不大，运输途中对种虫的影响不大，虫体损伤较小。即以春季、秋季引种为宜，最好避开寒冷的冬季和炎热的夏季。引种时要看气候，如果是夏季引种的话要避免高温天气，温度不超过30℃为最好，以避免黄粉虫在运输途中产生高温。

3. 慎选引种单位

有些供种企业利用初养户不了解黄粉虫种虫的知识，用商品虫冒充种虫出售给初养户，导致产量和数量都难以达到正常的水平，给初养户造成了很大的经济损失。所以初养户在选择引种单位时要慎重考虑，对引种单位和种虫要进行实地考察，确认种源品质，对多个供种单位进行考察、鉴别、比较，然后确定具体的引种单位。

有人购买黄粉虫首先看黄粉虫养殖场的规模。片面认为黄粉虫饲养场规模越大，管理越规范，黄粉虫种质量越高。小场所容易发生近亲交配造成退化，质量不可靠。一般来说，作为一个种黄粉虫饲养场必须具备一定的规模。否则，群体太小，血缘难以调整，容易形成近交群并发生衰退现象。但是，也并非规模越大质量越高，这主要取决于该场原始群质量的高低，选育措施是否得当，饲养管理是否规范。如果以上几个方面落实不到位，什么规模的黄粉虫饲养场也难以生产优质的黄粉虫种。而有些规模尽管不大的黄粉虫饲养场，由于非常注重选种育种，饲养管理精心，黄粉虫种质量也相当不错。何况也有个别炒种单位就是利用“人们通常片面认为黄粉虫饲养场规模越大种质量越高”的心理，买来很多商品虫冒充种虫“装点门面”，貌似规模做得很大，同时又使用较大的场地经营，其实就是用商品虫冒充种虫出卖高价，所以要善于区分。

4. 引种时严格挑选

引种时最好能请专业技术人员帮助选种。种虫的个体健壮、活动迅速、体态丰满、色泽光亮、大小均匀、成活率高。而商品虫个体大小不一，有的明显瘦小，色泽乌暗，大小参差不齐（有的经处理不明显），成活率低，产卵量远远达不到要求。黄粉虫与其他养殖业一样，同样受当地气候、环境、资源、市场等条件的影响。

与黄粉虫近缘的常见种类有黑粉虫，选购时应予以区别，黄粉虫和黑粉虫的主要区别见表1–2。

表1–2　黄粉虫和黑粉虫的区别

虫态	黄粉虫	黑粉虫
成虫	体长15毫米	体长14～18毫米
	黑褐色，有脂肪样光泽	黑色，无光泽
	触角第3节短于第1、2节之和，末节的长带相等，而长于前一节	触角第3节几乎等于第1、2节之和，末节的宽度大于长度
	前胸宽略超过长，表面刻点密	前胸宽几乎不超过长，表面刻点法特别密
	鞘翅刻点密，行列间没有大而扁的刻点	鞘翅刻点极密，行列中间有大而扁的刻点，因此产生明显而隆起的脊

续表

虫态	黄粉虫	黑粉虫
幼虫	体长28～32毫米	体长32～35毫米
	背板黄褐色	背板暗红褐色或黑褐色
	触角第2节长3倍于宽	触角第2书长4倍于宽
	内唇两侧近边处各有刚毛约6根	内唇两侧近边处各有刚毛约3根
	前足转节内侧近末端有刺2根	前足转节内侧近末端有刺状刚毛1根
	第9节定超过长，尾钩的长轴和背面形成几乎不钝的直角	第9节宽不超过长，尾钩的长轴和背面形成明显的钝角

5. 合理引种，量力而行

黄粉虫品种特性的形成与自然条件存有十分密切的关系。不同区域适应性的黄粉虫，若引种不当，则会造成减产。当然，有些种群在引种初期不太适应，经过几年以后就适应了，这就是所谓的驯化。也就是说环境生态条件相近的地区之间引种容易成功。引种必须了解原产地的生产条件，以及拟引进种的生物学性状和经济价值，便于在引种后采取适当的措施，尽量满足引进的黄粉虫对生活环境条件的要求，从而达到高产、稳产的目的。

初次引种，应根据自身经济实力决定引种数量，一般宜少不宜多，待掌握一定的饲养技术后再扩大生产规模。另外，也可以适当从几个地区引种，进行比较鉴别，确定适宜饲养的黄粉虫种。

6. 减少应激，搞好运输

（1）选早、晚气温较低时上路。

（2）注意收听天气预报，抓紧在气温较低的1～2天内，赶快采运。

（3）运输虫密度不能太大，一定要使用较大的布袋装虫，使虫体有较大的活动空间，以便散热。一只面袋装虫不要超过2.5千克。

（4）尽量买小虫。相同数量的小虫比大虫产热量少得多。虽然小虫不能及时进入繁殖期，但从长远看，买小虫比买大虫经济得多。

（5）平均气温达32℃以上，途中又无法实施放冰袋等降温措施的，不宜长途运输。冬季运输虫子时应注意两个环节，一是虫子装车前应在相对低温度的环境下放置一段时间，使其适应运输环境，二是装车时要在车的前部用帆布做遮挡，以防止冷风直接吹向虫子，同时应即装即走，减少虫子在寒冷空气中的暴露时间。

（6）做好运输，减少应激，宜选择运输车辆大小适中，并经过严格的清洗消毒，车上应垫上锯末或沙土等防止缓冲抗击的垫料，防止黄粉虫箱体在运输中颠簸碰撞破烂，并在装车时要注意箱体的固定。在运输途中尽量做到匀速行驶，减少紧急刹车造成的应激。为减轻环境、运输等方面的应激反应，最好在晚上运输，途中搞好防暑、防寒、防风等工作。运输时间在7小时以内的，途中不必饲喂，只需要在运输前喂饱、吃好即可。运输时间超过7小时的应带些青绿饲料适量饲喂以防失水过多，同时应注意检查，发现异常情况应及时处理，运黄粉虫箱以暗箱为佳，以减少运输途中种黄粉虫因适应外界变化而引发应激反应。

7. 到场后的合理饲喂

种黄粉虫运回养殖场所后，应进行一段时间的隔离暂养，待观察无病后，方可混群。同时注意因途中运输和环境变换，容易引起黄粉虫种的应激反应，所以虫种到目的地后，不要急于喂料，先让其安静1～2小时，再用适量麦麸、食盐和红糖拌点开水喂，隔3～4小时左右再正常喂饲料，要做好饲料过渡，最好仍喂3～5天原来黄粉虫场同种或同类的精饲料，先喂精料后喂青料；以后逐步调整原饲料结构至新饲料结构，按时定量饲喂，以适应新的饲养环境，防止发病。之后，按时定量饲喂，并逐渐调整饲料，防止因饲料配方突然变化而引起种黄粉虫消化道疾病。如果饲喂麸皮等粉状饲料时，一定要用少量水分较多的菜类、萝卜类饲料拌和后饲喂，一方面可减少浪费，另一方面可避免纯干粉料喂。

由于引种搬迁、环境变换、饲料配方改变等均可不同程度地引起种黄粉虫的应激反应，降低对环境的适应能力和抗病能力，因此，应根据不同情况，及早采取防病治病措施。如在饲料中适当拌喂多种维生素和B族维生素，以增强种黄粉虫抗应激能力，幼虫每千克体重维生素日用量以3～5毫克为宜。

（二）放养繁殖

1. 雌雄鉴别方法

黄粉虫为雌雄异体，至成虫期才具有生殖能力。

成虫期雌雄容易辨认，雌性虫体一般大于雄性虫体，但外表基本一样，雌性成虫尾部很尖，产卵器下垂，伸出甲壳外面，所以，它可隔着网筛将卵产到接卵纸上。

也可通过蛹来进行鉴别，黄粉虫蛹的腹部末端有一对较尖的尾刺，呈“八”字形，末节腹面有一对乳状突，雌蛹乳状突粗大明显，突的末端较尖并向左右分开，呈“八”字形；雄蛹的乳状突短小微露，末端钝圆，不弯曲，基部合并。

2. 交配繁殖

黄粉虫成虫的交配与产卵时间多数发生在夜间，而且成虫交配时对环境的条件要求比较高，如果成虫在交配时突然遇见强光和噪声则会因受到惊吓而中断交配，所以成虫交配的环境应避免干扰。

成虫交配期间对温、湿度的要求相对来说也比幼虫的更高，一般正常的温度在25～33℃。对湿度的要求应控制在65%～75%。黄粉虫雄性成虫体内含有若干精珠，雄虫一个生活周期可产生10～30个精珠，每只雄虫一生可交配多次，羽化后3～4天开始交配，交配时间多在晚上8时至凌晨2时。每次交配时，雄虫输给雌虫1颗精珠，每颗精珠内储存有近100个精子。雌虫在羽化后15天到达产卵盛期，此时一旦发生交配，雌虫将精珠存于储精囊内，每当卵子通过时，即排出1个或数个精子，结合成受精卵而排出体外。雌虫卵巢中也不断产生新的卵子，并不断地排卵，当雌虫体内精珠中的精子排完后又重新与雄虫交配，及时补充新的精珠。因此，雄虫比例不能过小，否则也会影响繁殖率。

3. 羽化产卵

黄粉虫羽化大约需要7天时间，但是如果温度或空气含水量不适宜，羽化时间会推迟，甚至死亡。在平均气温

20℃，平均空气相对湿度为75%时，黄粉虫羽化率达85%以上。羽化后3～4天即开始交配、产卵，黄粉虫从羽化后的第15天开始进入产卵高峰期，高峰期可持续15天，2个月内为产卵盛期。在产卵盛期，每对黄粉虫每天最多产卵40粒，如果条件适宜，每对黄粉虫一个生活周期可产卵500多粒，平均每天产卵15粒。

在羽化产卵期间，成虫食量最大，每天不断进食和产卵，所以一定要加强营养和管理，延长其生命和产卵期，提高产卵量。在饲喂时，先在卵筛中均匀撒上麦麸或面团，再撒上丁状马铃薯或其他菜茎，以提供水分和补充维生素，随吃随放，保持新鲜。

4. 影响黄粉虫繁殖能力的因素

目前，影响黄粉虫繁殖力的因素很多，如品种、营养、环境卫生以及疾病等。在实践工作中，必须引起重视，认真做好黄粉虫的选种、育种工作，搞好环境卫生，做好疾病防治工作，切实提高黄粉虫的繁殖能力。影响黄粉虫繁殖力的因素主要有以下几点。

（1）虫种因素：繁殖力受遗传因素的影响，虫种的好坏直接影响其繁殖，其结果可直接由不同品种群体和个体的繁殖力差异显示出来。提高繁殖力的措施就是认真做好黄粉虫的选种、配种工作，一定要选择那些无退化现象、体质健壮、生长发育快、抗病力强、繁殖力高的黄粉虫作种虫。

（2）饲料因素：实践证明成虫只有在摄取足够的营养后才能正常产卵，在此基础上，添加少量的葡萄糖能使其产卵量增加，寿命延长。影响黄粉虫繁殖的饲料营养因素主要有以下几个方面。

①蛋白质水平：由于黄粉虫的精珠和卵中干物质的成分主要是蛋白质，因此，饲料中蛋白质不足或摄入蛋白质量不足时，可降低雄虫的交配和卵的质量。

②维生素的影响：饲料中维生素E对雄虫比较重要，虽然没有证据表明它能提高雄虫的生产性能，但能提高其免疫能力和减少应激，从而提高黄粉虫成虫的体质。

③青饲料的影响：坚持饲喂配合饲料的同时，保持合适的青绿多汁饲料，可保持黄粉虫成虫良好的食欲和交配能力，一定程度上能提高了卵的品质。

④饲料发生霉变：黄粉虫成虫采食了发霉的饲料后会引起严重的繁殖障碍，近年来成为一个主要的问题。常见的会发生霉变的饲料有谷物类饲料如玉米（玉米芯柱）、燕麦（燕麦镰孢菌）、高粱、小麦等。

⑤饲料添加剂：用含不同稀土剂量的饲料喂养黄粉虫，发现在每千克饲料中添加100毫克氧化镧可使黄粉虫的一些重要生理指标发生明显的变化：在繁殖力方面，雌虫提前2天产卵，雌虫的产卵期缩短了5天，产卵量显著提高。实践证明：在繁殖组饲料中加入2%的蜂王浆，可使雌虫排卵量成倍增加。最好的组平均每雌排卵量达880粒，生产组平均每雌产卵量为100粒，而且幼虫抗病力强，成活率高，生长快。成虫产卵时需要补充营养，每天应有足够的饲料（麦麸及青饲料），最好每周投喂1次复合维生素，这样不仅产卵率高，孵化率也会上升，而且产出的虫子个体大，又肥又壮。

在实际生产中，黄粉虫在营养条件不良时雌虫不产卵、少产卵或产大比例的秕卵。秕卵的体积较小、坚硬，戳之无水流出，正常卵在合适的条件下孵化率可达到100%，为准确统计产卵量与孵化率，应将秕卵和正常卵区别开来。

日粮中的营养水平是否适当对黄粉虫成虫的内分泌腺体激素合成和释放将产生影响。营养水平过高或过低对其繁殖也将产生不良影响。当口粮营养水平过高时，可使黄粉虫成虫体内脂肪沉积过多，造成营养功能下降，影响繁殖；能量过低，则可使成虫功能减退，出现吃卵现象。

（3）环境因素：黄粉虫的繁殖机能与日照、气温、湿度、噪声、饲料成分的变异以及其他外界因素均有密切关系。如果环境条件突然改变，可使雌虫不产卵。雄黄粉虫在改变管理方法、变更交配环境或交配时有外界干扰等情况下，其交配质量会受到影响，甚至引起交配失败。

环境温度对黄粉虫的繁殖机能有比较明显的影响。实践证明，随着温度的升高，成虫的寿命也随着缩短，在20℃，雌虫平均寿命为65天，最长为97天，雄虫平均寿命为61天，最长 92天；而在 35℃时，雌雄成虫的平均寿命分别为 30天和27天，最长寿命分别是45天和 40天，20℃下成虫的平均寿命是35℃的2倍多。黄粉虫产卵的最低临界温度为15℃，随着温度的升高，黄粉虫产卵率的变化趋势为：黄粉虫成虫在20～30℃时产卵较多，当温度达到 33～35℃，成虫产卵极少，平均产卵量仅为5粒。研究发现在23～27℃，相对湿度60%～75%时，幼虫生长发育良好；蛹羽化为成虫的第12～15天，出现最大产卵量，平均产卵量达207粒。

（4）成虫的年龄：黄粉虫成虫的年龄明显地影响其繁殖性能，黄粉虫成虫，随着年龄的增长，繁殖性能不断提高。黄粉虫成虫产卵的高峰在羽化后第2～60天，其后繁殖性能就逐渐下降。黄粉虫成虫到2个月龄以上即应淘汰，除个别育种需要外，不宜再作种用。

（三）日常饲养与管理

黄粉虫是一种完全变态昆虫，有成虫、卵、幼虫、蛹4种虫态。各个虫态对环境的要求不同，所以对饲养的要求也各异。

1. 成虫期管理

成虫是黄粉虫整个世代交替中的最后阶段，在生理上有真正意义的死亡，此期管理的主要目的是使成虫产下尽量多的虫卵，繁殖更多的后代，扩大养殖种群。

在良好的饲养管理条件下，成虫寿命为90～160天，产卵期60～100天左右。每天能产卵1～10粒，一生产卵60～480粒，有时多达800粒甚至1000多粒（产卵量的多少与饲料配方及管理方法有关）。在繁殖期，成虫不停地摄食、排粪、交配、排精与产卵。因此，按照生产要求选好种，留足种，提供优良生活环境与营养，以保证多产卵，提高孵化率、成活率及生长发育速度，达到高产、降低成本的目的。

（1）蛹的收集：用来留种的幼虫，应进行分群饲养。到6龄时幼虫长到约30毫米时，颜色由黄褐色变淡，且食量减少，这是老熟幼虫的后期，会很快进入化蛹阶段。老龄幼虫化蛹前四处扩散，寻找适宜场所化蛹。蛹期为黄粉虫的生命危险期，容易被幼虫或成虫咬伤。幼虫化蛹时，应及时将蛹与幼虫分开。分离蛹的方法有手工挑拣、过筛选蛹等，少量的蛹可以用手工挑拣，蛹多时可用分离筛筛出。

黄粉虫怕光，老熟幼虫在化蛹前3～5天行动缓慢，甚至不爬行，此时在饲养盘上用灯光照射，小幼虫较活泼，会很快钻进虫粪或饲料中，表面则留下已化蛹的或快要化蛹的老熟幼虫，这时可方便地将其收集到一起。

化蛹初期和中期，每天要捡蛹1～2次，把蛹取出放在羽化箱中，避免被其他幼虫咬伤。化蛹后期，全部幼虫都处于化蛹前的半休眠状态，这时就不要再捡蛹了，待全部化蛹后，筛出放进羽化箱中。

（2）羽化

①成虫的分拣：移入羽化箱中蛹每盘放置6000～8000只，并撒上一层精料，以不盖过蛹体为度。初蛹呈银白色，逐渐变成淡黄褐色、深黄褐色。调节好温、湿度，以防虫蛹霉变。蛹7天以后羽化为成虫，5～6天后在蛹的表面盖上一块湿布（最简便的是用一张报纸），绝大部分成虫爬在湿布和报纸下面，部分会爬在报纸上面。由于同一批蛹羽化速度有差异，为防早羽化的成虫咬伤未羽化的蛹体，每天早、晚要将盖蛹的湿布轻轻揭起，将爬附在湿布下面的成虫轻轻抖入产卵箱内。如此经2～3天操作，可收取90%的健康羽化成虫，成虫很快被分拣出来。

羽化后的成虫移入产卵箱后要做好接卵工作。每个产卵箱养殖的成虫数因箱的大小而不同，按每平方米0.9～1.2千克的密度放养，即每平方米产卵箱大约是2000～3500头成虫。密度大固然能提高卵筛的利用效率和产卵板上卵的密度，但是能量消耗增加甚至同类相食，密度过大时造成成虫个体间的相互干扰，成虫争食、争生活活动空间，引起互相残杀，容易造成繁殖率下降；但密度过小时也会浪费空间和饲料，投放雌雄成虫的比例以1∶1为宜。

在投放成虫前，在产卵箱上铺上一层白菜叶，使成虫分散隐蔽在叶子下面，如果温度高、湿度低时多盖一些，蔬菜主要是提供水分和增加维生素，随吃随加，不可过量，以免湿度过大菜叶腐烂，降低产卵量。

成虫产卵时多数钻到饲料底部，伸出产卵器穿过铁丝网孔，将卵产在产卵板上。因此，产卵板要先撒上厚约1厘米的麦麸后放在卵筛下面接卵，每5～7天更换1次。

②喂养：在饲料投喂量上，要量少勤投，至少每1天投喂1次，5～7天换1次饲料品种。在饲喂时，先在卵筛中均匀撒上麦麸团或面团，再撒上丁状马铃薯或其他菜茎，以提供水分和补充维生素，随吃随放，保持新鲜。羽化后1～3天，成虫外翅由白色变黄色渐变黑色，活动性由弱变强，此期间可不投喂饲料。羽化后4天，逐渐进入繁殖高峰期，每天早晨投放适量全价颗粒饲料。成虫在生长期间不断进食不断产卵，所以每天要投料1～2次，将饲料撒到叶面上供其自由取食。精料使用前要消毒晒干备用，新鲜的麦麸可以直接使用。

③注意事项：成虫最初为米黄色，其后浅棕色→咖啡色→黑色。

羽化的成虫应及时挑拣，否则成虫会咬伤蛹。

刚羽化的米黄色成虫不能与浅棕色、咖啡色、黑色成虫放一起，更不能相互交错叠放，最好同龄的成虫放在一起。因为，颜色没有发黑的成虫并未达到性成熟，黑色成虫和其他颜色成虫羽化后的成虫强行交尾产卵之后孵化的幼虫发病率高、死亡率高，不能作种虫用。

留种虫应在产卵高峰期能嗅到卵散发一种刺鼻的气味

时，这种卵留作种虫最好。

（3）产卵：每盒产卵盘放进1500只左右（雌、雄比例1∶1）成虫，成虫将均匀分布于产卵盘内。如前所述，成虫产卵时大部分钻到麸皮与纱网之间底部，穿过网孔，将卵产到网下麸皮中，人工饲养即是利用它向下产卵的习性，用网将它和卵隔开，杜绝成虫食卵。因此，网上的麸皮不可太厚，否则成虫也会将卵产到网上的麸皮中。成虫产卵盒一般放在养殖架上，如果架子不够用也可纵横叠起，保留适当空隙。卵的收集主要根据饲养的成虫数量、成虫的产卵能力、环境的温湿度等情况而定。一般情况下是2～3天收集1次，成虫在产卵高峰期且数量多、温湿度最适宜时，可以每天收集1次。收集时必须轻拿、轻放，不能直接触动卵块饲料，次序是先换接卵纸，再添加饲料麦麸。同一天换下的产卵纸和板可按顺序水平重叠在一起放入养殖箱中标注日期，一般以叠放5～6层为宜，不可叠放过重以防压坏产卵纸或板上的卵粒，并在上面再覆盖一张报纸。每次更换的接卵纸或板要分别放在不同的卵盒中孵化，以免所出的幼虫大小不一，影响商品的质量与价格。

在冬季升温时，整个饲养室内上下的温度是不一致的，一般是上面温度高，下面温度低。因为，虫卵在孵化时需要较高温度，在低温下不孵化。养殖户若没有专门的高温孵化室，为满足虫卵对温度的要求，可将卵盒放在铁架最上层孵化，而将成虫、蛹、幼虫放在中下层。实践证明，这种管理方法较为科学，因为虫卵在等待孵化时容易破碎，要禁止频繁移动（最好不要移出卵盒），而虫卵也不需要投食喂养，放在高层比较好。

但为了便于管理，一定要在卵盒外用纸写上接卵日期，这样可及时观察虫卵孵化情况，做到心中有数。

在夏季多雨季节，因湿度大、温度低麦麸容易变质，导致虫卵霉烂坏死，有时甚至会出现大面积死亡，造成经济损失。另外，在湿度大时，麦麸还容易滋生螨虫，噬咬虫卵。因此，在空气湿度大接卵时，最好直接用于麦麸铺底，不添加水分。而在干燥季节，可在饲料上盖一层菜叶。在夏季高温、高湿季节时，为防止虫卵霉烂变质，可将虫卵放在温度稍低的支架低层或中层，还要搞好饲养室的通风透气。

（4）卵的收集：卵的收集方式有2种，即利用产卵筛采卵或利用饲养盘直接采卵。

①利用产卵筛采卵：即在黄粉虫成虫产卵时，在产卵筛的纱网底下铺垫的白纸上，撒一层薄薄的麸皮等基质，卵从网孔中落在下面的基质中，接卵纸2～3天左右换1次，将换下的基质、虫卵放入饲养器具中，约经7～10天便可自然孵出幼虫。

②利用饲养盘直接采卵：即是沿用饲养器具，底垫白纸，但会有部分卵散落于饲料中，搜集时应该同时将两者放在一起。在标准饲养盘底部附衬一张稍薄的糙纸，上铺0.5～1.0厘米厚饲料，每盒中投放6000只（雌∶雄为1∶1）成虫，成虫即将卵均匀产于产卵纸上，每张纸上2天即可产10 000～15 000粒卵，每隔2天取出1次，即制作成卵卡。另有部分卵散落于饲料中，可忽略不计，可以用作孵化时的覆盖物。

（5）成虫的日常管理

①避免混养：在虫态管理上，因成虫和幼虫形态不一

样，活动方式也不一样，对饲料要求也不一致，一定不要混养，以免干扰其产卵，影响产量。更不要与蛹混放在一起，以免成虫食卵，造成经济损失。

②饲料配制：在饲料配方上，要给予蛋白质含量较高的配方，且要经常变换饲料品种，做到营养全面，提高产卵量高。刚羽化的成虫虫体较嫩，抵抗力差，不能吃水分多的青饲料。

③疾病预防：在疾病预防上，要预防成虫出现干枯病或软腐病。

④温湿控制：提供适宜的温、湿度。成虫期所需适宜温度为25～33℃，湿度55%～85%，饲料湿度10%～15%，若用颗粒料，则青饲料也要适量。实践证明，在此期间，若投喂青饲料太多，会降低其产卵量。

⑤成虫的密度控制：繁殖组成虫密度为每平方米10 000～20 000头，最佳密度为每平方米12 000～16 000头。

成虫在繁殖期内，因种种原因会死亡一部分。虽然对自然死亡的成虫，因不会腐烂变质，所以不必挑出，让其他活成虫啃食而相互淘汰，这样不仅可以弥补活成虫的营养，也节省了大量人工。

⑥防止成虫外逃：成虫是黄粉虫4个虫代中活动量最大、爬行最快的虫期，此期的防逃工作极为重要。据观察，由于成虫的攀爬能力较强，绝大部分的饲养户未能彻底解决这个问题，总是有成虫不断逃出产卵筛外，侵入接卵盒中取食虫卵。为防止成虫外逃，饲养种成虫时要经常检查种虫箱，及时堵塞种虫箱孔及缝隙，保持胶带的完整与光滑，使产卵筛内壁光滑无缝，成虫就没有逃跑的机会。经过多年的

驯化，大部分成虫应该已经没有腾飞的能力，但还是有个别成虫有这个能力，若是防逃，可以在饲养盘顶部用透气的塑料纱窗做成网罩盖子盖住。

⑦除粪：因成虫的卵混在饲料里，所以成虫的粪便如果不是太厚，一般不需清理。如果发现粪便过多需要清理，可将筛下的粪便集中在一个盘内，这样还可以培养出一批虫。废弃的虫粪是鸡鸭的好饲料，可以拿来喂鸡鸭或作肥料。

⑧定期淘汰：在时间管理上，在产卵筛上要标注成虫入筛日期，以掌握其产卵时间和寿命的长短。蛹羽化为成虫后的2个月内为产卵盛期，在此期间，成虫食量最大，每天不断进食和产卵，所以一定要加强营养和管理，延长其生命和产卵期，提高产卵量。2个月后，成虫由产卵盛期逐渐衰老死亡，剩余的雌虫产卵量也显著下降，3个月后，成虫完全失去产卵能力。因此，种成虫产卵2个月后，为提高种虫箱及空间的利用率，并提高孵化率和成活率，不论其是否死亡，最好将全箱种虫淘汰，以新成虫取代，以免浪费饲料、人工和占用养殖用具。

2. 卵的孵化

将接卵纸置于另一个饲养盘中，做成孵化盘。先在饲养盘底部铺设一层废旧纸（报纸、纸巾纸、包装用纸等），上面覆盖1厘米厚麸皮，其上放置第一张接卵纸。在第一张接卵纸上，再覆盖1厘米厚麸皮，中间加置3～4根短支撑棍，上面放置第二张接卵纸。如此反复，每盘中放置4张接卵纸，共计约40 000～60 000粒卵。然后，将孵化盘置于孵化箱中，在适宜的温度和湿度范围内，6～10天就能自行孵出幼虫。

黄粉虫卵的孵化受温度、湿度的影响很大，温度升高，卵期缩短；温度降低，卵期延长。在温度低于15℃时卵很少孵化。在温度为25～32℃、湿度为60%～70%、麦麸湿度15%左右时，7～10天就能孵化出幼虫。放置卵箱的房间，温度最好保持在25～32℃，以保证卵能较快孵化和达到高的孵化率。幼虫刚孵出时，长约0.5～0.6毫米，呈晶莹乳白色，能爬行，1天后体色变黄色。口器扁平，能啃食较硬食物。幼虫与其他虫态不一样，有蜕皮特性，一生要蜕皮10多次，关于幼虫的分龄，目前还没有统一的说法，一般认为13～18龄。其生长发育是经蜕皮进行的，约1个星期蜕皮1次。幼虫的生长速度和幼虫期的长短主要取决于温度、湿度和饲料3要素。在温、湿度适宜的情况下，幼虫蜕皮顺利，很少有死亡现象。刚孵出的幼虫为1龄虫，第1次蜕皮后变为2龄幼虫。刚蜕皮的幼虫全身为乳白色，随后逐渐变黄色。经60天7次蜕皮后，变为老熟幼虫。老熟幼虫长20～30毫米，接着就开始变蛹。其生长期为80～130天，在温度24～35℃，空气相对湿度55%～75%，在投喂粮食与蔬菜情况下，幼虫期大约120天。

3. 幼虫的日常管理

为便于饲养管理，通常根据幼虫的发育时期和体长将黄粉虫幼虫划分为3个阶段：0～1月龄、身长约0.2～0.5厘米的幼虫称为小幼虫；1～2月龄、身长0.6～2厘米的幼虫称中幼虫或青幼虫；2～4月龄、身长29～3.5厘米幼虫称为大幼虫，化蛹前的幼虫也称为老熟幼虫。

（1）小幼虫的管理：黄粉虫卵孵化时，小幼虫头部先钻出卵壳，刚孵出时，体长约2毫米。它啃食部分卵壳后爬出卵外并爬至孵化箱饲料内，以原来铺的饲料为食。此时应去掉接卵纸，将麦麸连同小幼虫抖入养殖箱内饲养。用放大镜就可以清楚地观察到成堆的幼虫比较活跃，吃得猛，生长得快，因此同一批小幼虫可多一些放在同一个箱内饲养。长到4～5毫米时，体色变淡黄色，停食1～2天便进行第1次蜕皮。蜕皮后呈乳白色，约2天又变淡黄色。一般每7天左右蜕皮1次。1个多月内经5次蜕皮后，逐渐长大成为中幼虫，体长0.6～2厘米，体重约为0.03～0.06克。小幼虫因身体小，体重增长慢，耗料也少。

将幼虫留在养殖箱中饲养。有卵粒的产卵板在适宜温度放置6天左右，待卵将要孵出幼虫时，把产卵板上的幼虫连同麦麸一起轻轻刮下，盛放于养殖箱中进行正常饲养。3龄前不需要添加混合饲料，原来的饲料已够食用。小幼虫耗料虽少，但孵出后还是应注意原来的饲料是否供给足够，如果不够要及时添加，否则小幼虫会啃食卵和刚孵出的幼虫。该期间饲养管理较简单，主要是控制料温度为24～32℃，空气相对湿度为60%～70%，经常在麦麸表皮撒布少量菜碎片，也可适量均匀喷雾洒水在饲料麦麸表面，将厚约1厘米表层麦麸拌匀，使其含水量达17%左右。当麦麸吃完，均变为微球形虫粪时，可适当再撒一些麦麸。当到达1月龄成为中幼虫时，可用60目筛网过筛，筛除虫粪后将剩下的中幼虫进行分箱饲养。

在室温不高时，小幼虫出现死亡主要是因养虫箱内小幼虫数量太多，因虫子运动常使料温高于室内空气温度。有的养殖户不了解这点，当室温控制在32℃时，料温却超过35℃，造成小幼虫环境温度过高而抑制生长发育，甚至造成大批幼虫死亡。因此，温度控制必须以料温为准，以防止小幼虫出现高温致死现象。

在幼虫的养殖过程中，掌握好养殖技术和管理措施十分重要，它关系到幼虫生长的速度、虫体质量、经济效益等问题。在日常管理中要注意以下有关事项：

①环境控制：此期适宜温度24～35℃，空气湿度60%～75%，饲料湿度10%～15%，幼虫的最大密度20只/克饲料，或者应维持饲料与虫体比重不小于8。当肉眼能看清幼虫体型时，要进行加温、增湿，促使其生长发育。升温可采取加大密度方法。增湿是定时（每天数次）向饲养箱喷雾洒水，但量要小，不能出现明水，在饲料中加大水分也能增湿。

②注意分养：基本同龄的幼虫应在一起饲养，便于饲喂、销售、评级，如旺盛时幼虫需要补充营养，老熟幼虫则不需要。幼虫每蜕皮1次，就要及时更换饲料，及时筛粪，添加新饲料。

③注意厚度：在夏季，饲养箱中幼虫的厚度不能超过3厘米，以免发热造成死亡。

④注意清洁：饲养箱应经常保持清洁，要及时清除死去的幼虫，除去幼虫的蜕皮和粪便。清理时在准备清理的前3天不要向饲养箱内投放饲料，尽量让其将原来的食料吃净。然后，用不同规格的筛子清理虫粪和分离虫子。

⑤注意防病：夏天高温多雨季节，要注意防治螨虫与黑腐病；冬季燃煤升温，湿度低，要注意防治干枯病；投喂青饲料时要筛净虫粪，预防发生黑头病。

⑥饲料投喂：幼虫的饲料广泛而杂，较耐粗饲。幼虫喜

吃麦麸、米糠、豆粕、玉米皮等，还能吃各种杂食，如弃掉的瓜皮、果皮、蔬菜叶、树叶、野草等。喂养青饲料要根据气温而定，饲料在加工时，可先将各种饲料及添加剂混合并搅拌均匀，然后加入10%的清水（复合维生素可加入水中搅匀），拌匀后再晾干备用。对于淀粉含量较多的饲料，可先用65%的开水将其烫拌后再与其他饲料拌匀，晾干后备用，但维生素一定不能用开水烫。饲料加工后含水量不能过大，以防发霉变质。

（2）中幼虫的管理：黄粉虫中幼虫是幼虫生长发育加快，耗料与排粪增多的阶段。经过1个多月的饲养管理，中幼虫经第5～8次蜕皮，到2月龄时成为大幼虫，体长达2厘米以上，个体重约0.07～0.15克，其体长、体宽、体重均比中幼虫增加1倍以上。此期在饲养管理上应做到以下几点：

①环境控制：虫群内温度控制在24～33℃，空气湿度为55%～75%，1月龄以上中幼虫密度每平方厘米10只，饲养室内黑暗或有散弱光照即可。

②适量投料：每天晚上投喂麦麸、叶菜类碎片1次，投喂量为中幼虫体重的10%左右，但也要视虫子的健康和温湿度条件等灵活掌握。喂养青饲料要根据气温而定，气温高多喂，气温低少喂。投喂时间应在傍晚，因晚上活动强烈，是觅食的最佳时间。

③粪沙筛除：每2～4天左右用40目筛子筛除虫粪1次，然后投喂饲料。

④分开饲养：中幼虫长成大幼虫后，要进行分箱饲养。

（3）大幼虫的管理：大幼虫摄食多，生长发育快，排粪也多。饲养厚度宜在1.5厘米左右，不得厚于2厘米。

当蜕皮大约第13～15次后即成为老熟幼虫，摄食渐少，不久则化为蛹。当老熟幼虫体长达到22～32毫米时，体重即达0.13～0.24克。这时的老熟幼虫是用于商品虫的最佳时期。

大幼虫口耗饲料约为自身体重的20%，日增重约3%～5%，投喂麦麸等饲料与鲜菜可各占一半。因此，在大规模饲养大幼虫期间，应该大量供应饲料及叶菜类，及时清除虫粪。此期饲养管理的要求如下：

①环境控制：控制料温在24～32℃，空气湿度55%～75%。预防发生农药或煤气中毒。

②适量投料：根据大幼虫实际摄食量，充分供给麦麸及叶菜类碎片，基本做到当日投料、当日吃完，粪化率达90%以上。

大幼虫喜摄食叶菜类。这类青饲料含水较多，但投喂量不能过多且要求新鲜，否则可能导致虫箱过湿而使虫沾水死亡，或者染病而死。

黄粉虫生长到化蛹前的预蛹时期，对水分的需求有一个骤然下降的过程，此时应及时控制饲料的水分以及青饲料的供给，同时也要注意在较高湿度条件下的防病。

③粪沙筛除：每3～5天用20目筛子筛粪1次，不能筛得过频或过少。筛粪同时用风扇吹去蜕皮。

④挑蛹：当出现部分老熟幼虫逐渐变蛹时，应及时挑出留种，避免幼虫啃食蛹体。

⑤防逃：防止大幼虫外逃或天敌入箱为害。

⑥黑死虫的挑拣：黄粉虫幼虫由于患病等原因，会出现一些黑死虫，这些虫要及时挑拣出来，以防传染其他黄

粉虫。

Ⅰ. 微风分拣法：将养虫箱放在微风处，黄粉虫喜好聚集生活，根据这一特点，幼虫常群聚活动，黑死虫被自然选出。操作时右手拿刷子，左手拿纸板，将黑死虫扫到纸板上移出。

Ⅱ. 灯泡分拣法：幼虫箱上方吊一个灯泡，将幼虫放在灯泡正下方。因幼虫惧怕光和热，会自动散离四周，灯泡近处剩下黑死虫。

Ⅲ. 虫粪分拣法：把幼虫放在虫粪上，再将虫箱摆放在强光下，活动虫迅速钻入虫粪，死虫在虫粪表面。

（4）选择种虫：选择优质黄粉虫良种是提高成活率、孵化率、化蛹率、羽化率和产卵量以及延长产卵期、促进高产、缩短繁殖周期、降低饲料消耗的关键和基础。

经过细心挑选和饲养的各期虫，都可以作种虫繁殖，但以成龄幼虫作种虫为较好。优良的种幼虫生活能力强，不挑食，生长快，个体大，产卵多，饲料利用率高。在初次选择虫种时，最好向有国家科技部门或农业部门授权育种的单位购买。以后可自行培育虫种，每养4～5代更换虫种1次。选择种幼虫应注意以下几点。

①个体大：可采用简单称量的方法，即计算每千克重的老熟幼虫头数。幼虫以每千克重3500～4000只为好，即虫子个体大。幼虫每千克重约为500～6000只，这种幼虫不宜留作种用。

②生活能力强：幼虫爬行快，对光照反应强，喜欢黑暗。常群居在一起，不停地活动。把幼虫放在手心上时，会迅速爬动，遇到菜叶或瓜果皮时会很快爬上去取食。

③形体健壮：虫体充实饱满，色泽金黄，体表发亮，腹面白色部分明显，体长在30毫米以上。

除直接选择专门培育的优质虫种外，在饲养过程中繁殖虫种也应经过选择和细致的管理。繁殖用虫种的饲养环境温度应保持在24～30℃，相对湿度应在60%～75%。繁殖用虫种的饲料应营养丰富，组分合理，蛋白质、维生素和无机盐要充足，必要时可加入适量的葡萄糖或蜂王浆，以促进其性腺发育，延长生殖期，增加产卵量。成虫雌雄比例以1∶1较合适。若管理得好，饲料好，可延长成虫寿命。优良的虫种在良好的饲养管理下，每头雌成虫产卵量可达500粒以上。

3. 蛹期管理

蛹的发育历期是指从其化蛹到蛹期羽化所经历的时间。蛹的发育历期与其环境温、湿度有关，在温度25～30℃，相对湿度65%～75%条件下，其发育历期为7～12天。一般老熟幼虫化蛹时裸露于饲料表面。初蛹为乳白色，体壁柔软，隔日后逐渐变为淡黄色，体壁也变得较坚硬。

（1）蛹期对环境的要求：黄粉虫蛹期对温、湿度要求严格，温、湿度不合适，可以造成蛹期的过长或过短，增加蛹期感染疾病、增加死亡率的可能性。蛹的羽化适宜，温度为25～30℃，相对湿度为65%～75%。湿度过大时，蛹背裂线不易开口，成虫会死在蛹壳内；空气太干燥，也会造成成虫蜕壳困难、畸形或死亡。蛹的越冬最低温度为20℃。

蛹在羽化时对温度、湿度要求较为严格。若温度、湿度不合适，可以造成蛹期过长或过短，增加感染疾病和死亡的可能性。蛹在羽化时若空气或饲料湿度过大，蛹的背裂线不易开口，成虫会死在蛹壳内；若空气太干燥，也会导致蛹不羽化或体能代谢消耗水分而逐渐枯死。除了夏季多雨季节外，蛹死亡的原因多为干枯病所致。因此，平时除了将蛹置于湿润的环境外，还可采取以下2种保湿方法。

①喷水保湿：若饲养室内湿度太低，可将蛹适当翻动，用水壶喷洒少量雾状水滴，以保持蛹皮湿润，降低枯死病。

②盖布保湿：将薄棉布浸湿后拧干，盖在虫蛹上能有效地保湿，1～2天后布干了进行更换。实践证明这是一个简便有效的保湿方法，能显著减少虫蛹枯死。采取这种方法的注意事项是布不要太厚，水分一定要拧干，否则会因不透气导致蛹窒息死亡。

（2）蛹不宜堆放过厚：因蛹皮薄易损，在盒中放置时不可太厚，以平铺1～2层为宜，若太厚或堆积成堆就会引起窒息死亡。

（3）蛹的分离：在同一批蛹中，因羽化时间先后不一致，先羽化的成虫咬食未羽化的蛹，要尽快进行蛹虫分离。目前，有手工挑拣、过筛选出、食物引诱、黑布集中、明暗分离、虫粪分离等方法。

①手工挑拣：此法适宜分离少量的蛹。优点是简便易行，缺点是费时费工，还会因蛹太小，在挑拣时稍微用力即会将蛹捏伤而死。只有经验丰富手感好的养殖户才可避免出现此弊端。所以，不是很熟练的养殖户，可以用勺（塑料的最好）将蛹舀入捡蛹盘内，注意不要将幼虫一起舀入盘中。首先筛出黄粉虫虫粪，取一个空养虫箱，均匀地撒上一层麸皮；其次，将老熟黄粉虫（种虫）倒在麸皮上，不要用手搅动种虫，让它自由分散活动，然后向箱内撒上零散的青菜。

拣蛹时，勿用手在箱内来回搅动，轻轻拣去集中于饲料表层上的蛹，避免对蛹的伤害。

②过筛选出：因幼虫身体细长，蛹身体胖宽，放入8目左右的筛网轻微摇晃，幼虫就会漏出而分离。此法适宜饲养规模较大使用。

③食物引诱：利用虫动蛹不动的特点，在养虫盒中放一些较大片的菜叶，成虫便会迅速爬到菜叶上取食，把菜叶取出即可分离。

④黑布集虫：用一块浸湿的黑布盖在成虫与蛹上面，成虫大部分会爬到黑布上，取出黑布即可分离成虫和蛹。有时也可用报纸等来代替黑布。

⑤明暗分离：利用黄粉虫畏光特点，将活动的幼虫与不动的蛹放在阳光下，用报纸覆盖住半边虫盒，幼虫马上会爬向暗处而分离。

⑥虫粪分隔：利用虫动蛹不动的特性，把幼虫与蛹同时放入摊有较厚虫粪的木盒内，用强光(或阳光)照射，幼虫会迅速钻入虫粪中，蛹不能动都在虫粪表面，然后用扫帚或毛刷将蛹轻扫入簸箕中即可分离。此方法也可用于死虫及活虫的分离。

（四）黄粉虫的品种复壮

黄粉虫在经过100年的民间人工分散养殖过程中，不可避免地会存在一些品种退化问题，与种群内部数十代、甚至近100代地近亲交配以及人工饲养中的一些人为因素的影响有关，具体表现为幼虫生长缓慢，取食量不断下降，个体越来越小，抗病能力变差，蛹的质量下降、腐烂易坏，成虫的繁殖力降低，幼虫的孵化率、成活率不高等。目前，对于养殖者最好的方法就是进行品种选育和品种复壮，以保证养殖黄粉虫的品质和质量。

选育一个品种不少于30～50盘同龄虫，每一盘作为一群，对黄粉虫交配实行控制。

1. 选种标准

（1）生产性能：主要指黄粉虫的生长发育情况，衡量指标就是同样饲料的条件下黄粉虫幼虫增加的体长和体重。以老熟幼虫为准：幼虫体长应在33毫米以上，体重应每条在0.2克以上。

（2）生物学特性：产卵、化蛹性能，包括产卵量、化蛹率、整齐度、抗病力等。每代繁殖量在250倍以上为一等虫，每代繁殖量在150～250倍为二等虫，每代繁殖量为80～150倍为三等虫，每代繁殖量在80倍以下为不合格虫种。化蛹病残率小于5%，羽化病残率小于10%。

（3）形态鉴定：每种黄粉虫都具有一定的体型、体色、宽度等特征，通过这些特征鉴定可以区别出种的纯度。在形态上表现出其遗传的稳定性，并常常可反映整个种群遗传的稳定性。

2. 选育方法

选择优良品种从中幼虫期开始挑选，选择个体大、体壁光亮、行动快、食性强、食谱广的个体，没有受细菌污染，不带农药、禁用药品残留量，并且抗逆性强的虫体，即为优良种源。

在饲养生产过程中还应不断进行细致的选种和专门的管理记录，并将优良品种的繁殖与一般品种的生产繁殖分开。优良品种的繁殖温度应保持在24～30℃，相对湿度应在60%～70%。

有时候根据需要驯养种虫，使之具有良好的抗病体质，具体方法是机选一定数量的青壮年幼虫，在以后的生长过程中停止喂药，并在自然温度下养殖，加强抗冻、抗病能力，增强体质。

选好种、留足种即是从长速快、肥壮的老熟幼虫箱中，选择刚羽化的健康、肥壮蛹，用勺（塑料勺最好）舀入捡蛹盒内。选蛹时不能用手捡，未蜕完皮的蛹不要捡，更不要用手剥使之蜕皮，以免伤蛹。不要将幼虫带入盛蛹盘内，刚蜕皮的幼虫和蛹一定要分清。捡蛹时不能用劲甩，以防蛹体受伤。选出的各个蛹种，在解剖镜下辨别雌雄，腹部末端具有乳头状凸起的为雌虫，否则为雄虫，记录数量，计算雌雄比例。选蛹要及时，最好每天选1～2次，以防蛹被幼虫咬伤。化蛹期间，箱内的饲料要充足，料温、湿度不要过低或过高，否则不利于化蛹。盛蛹盘底要铺一层报纸或白纸，盛上蛹后再盖一层报纸。蛹在盘内不能挤压，放后不能翻动、撞击。挑蛹前要洗手，防止烟、酒、化妆品及各类农药损害蛹体。将蛹送入养殖盘中并做好标记。

当种蛹羽化为成虫时，这时可以在许多的成虫中挑选那些大而壮的，把它们单独放置在产卵盒中。收卵时做好标记以避免与其他的卵混淆，到幼虫分盒时也不要混淆，因为选种范围就在这其中，从中再选择大的老幼虫做种。并且要年年进行选育，每次经这样提纯，虫子的品质就会越来越好。

四、黄粉虫病虫害的预防与控制

在正常饲养管理条件下，黄粉虫很少得病。但随着饲养密度的增加，其患病率也逐渐升高。如湿度过大，粪便污染，饲料变质，都会造成幼虫的腐烂病，即排黑便，身体逐渐变软、变黑，病虫排出之液体会传染其他虫子，若不及时处理，会造成整箱虫子死亡，饲料未经灭菌处理或连阴雨季节较易发生这种病。黄粉虫卵还会受到一些肉食性昆虫或螨类的危害。主要虫害有肉食性螨、粉螨、赤拟谷盗、扁谷盗、锯谷盗、麦蛾、谷蛾及各种螟蛾类昆虫，这些害虫不仅取食黄粉虫卵，而且会咬伤蜕皮期的幼虫和蛹，污染饲料，也是黄粉虫患病的原因之一。

（一）黄粉虫疾病的预防

俗话说“无病早防，有病早治，以防为主，防治结合”，这是长期生产实践中人类对疾病达成的共识，因而对于黄粉虫的疾病防治，也应采取这个原则。因为对于黄粉虫来说，发病初期是不易被发觉的，一旦发病，治疗起来就比较麻烦了，治疗方法是把药物拌于饲料中由黄粉虫自由取食，但是，当病情严重时，黄粉虫已经失去食欲，即使有特效药也无能为力了。有介绍说可以使用药液喷黄粉虫这样的给药方法，目前还在试验阶段。

黄粉虫之所以产生疾病，甚至流行，完全取决于昆虫本身、病原体和环境之间相互作用的关系。如果黄粉虫身体健壮，有较强的抵抗能力，就不容易患病，甚至在流行病袭来时，若稍加“自卫保护”也可躲过。如果缺少病菌适宜生存的环境条件，如温湿度、光照、适宜侵染的虫体，即使侵染性或致病力强的病原体也是无法引致疾病的，因此在日常工作中就必须做好预防措施。

1. 创造良好的生活环境

首先选择合适的场地，远离污染源（含噪声）。另外，搞好室内环境，协调好温湿度关系，控制日温差小于5℃，室内空气保持清新，不把刺激气味带入黄粉虫饲养房。

2. 加强营养

实践证明，长期饲喂单一的麦麸饲料对黄粉虫的效果不是最理想的，在这种情况下，黄粉虫幼虫生长发育速度相对缓慢，容易发生疾病，同时，出现成虫产卵率低、秕卵现象。所以，必须采用配合饲料，注意添加维生素及微量元素，喂适量的青饲料。

3. 坚持科学管理

管理是讲究科学的，实际上管理也是一门技术，所以既要加强管理，也要讲究科学。如合理的饲养密度、大小分群饲养、严格的操作规程等，都能避免各种致病因素的产生。同时，培育优良虫种，及时淘汰有问题的虫种，利用杂交技术，提高黄粉虫的抗病力，执行卫生防疫制度、搞好日常常规消毒工作等都能防止黄粉虫疾病的发生，禁止非饲养人员进入饲养房。

4. 消毒控制

消毒杀菌的范围包括饲养室与器具2方面。事实证明，若要让黄粉虫健康生长发育，就要经常进行消毒杀菌。在夏季，因饲养室湿度较大、空气污浊，也是病菌滋生的场所，有时甚至会导致黄粉虫成批死亡，给养殖户带来经济损失。因此，养殖户一定要经常进行消毒杀菌，还要掌握正确的方法。

（1）常用消毒药

①20%～30%草木灰（主含碳酸钾）：取筛过的草木灰10～15千克，加水35～40千克搅拌均匀后，持续煮沸1小时，补足蒸发的水分即成。主要用于黄粉虫饲养房舍、墙壁及养殖用具的消毒。应注意水温在50～70℃时效果最好。

②新洁尔灭溶液：用于用具等消毒，配制成1：（1000～2000）的水溶液。

③来苏儿（煤酚皂溶液）：取来苏儿2.5千克，加水47.5千克，拌匀即成。用于用具及场地的消毒，用于用具消毒时也要清洗干净。

④福尔马林（37%～40%甲醛溶液）：有较强的杀菌作用，能杀灭多种细菌。

⑤氢氧化钠（烧碱）：取火碱1千克，加水49千克，充分溶解后即成2%的火碱水。如加入少许食盐，可增强杀菌力。冬季要防止溶液冻结。常用于黄粉虫发生感染时的环境及用具的消毒。因有强烈的腐蚀性，应注意不要用于金属器械及纺织品的消毒，更应避免接触黄粉虫，饲养用具消毒后要用自来水清洗干净，以免伤害黄粉虫。

⑥生石灰（氧化钙）：取生石灰块5千克，加水25～30千克，使其化为粉状。主要用于黄粉虫房舍内地面及场所的消毒，兼有吸潮湿作用，过久无效。

⑦10%～20%石灰乳（氢氧化钙）：取生石灰5千克，加水5千克，待化为糊后，再加入40～45千克水即成。用于黄粉虫饲养房舍及场地的消毒，现配现用，搅拌均匀。

⑧漂白粉：用于饲养房、地面等消毒，配成2%～5%的混悬液对空喷雾，用时新鲜配制。

⑨高锰酸钾溶液：5克高锰酸钾，加水1千克，充分溶解搅拌为溶液。主要用于黄粉虫饲养用具的消毒。

⑩硫酸铜：有明显的杀菌作用，可用0.1%浓度进行喷雾。

（2）消毒方法

①通风：通风虽不能杀死病菌，但有改善室内空气和稀释病菌的作用。尤其是在冬季饲养室密封时，燃烧升温要消耗氧气，若不注意通风换气进行增氧，则有可能妨碍黄粉虫的健康生长。因此，养殖户一定要注意通风，保持饲养室空气清新。在炎热的夏季，通风也有降温的作用。

②日晒：日光中因含有紫外线可杀灭一部分病菌，养殖户可利用阳光这种廉价有效的消毒剂，将养殖器具经常进行暴晒灭菌。

③环境消毒：饲养房周围环境每2～3个月用火碱液消毒或撒生石灰1次。

④饲养房消毒：清除、清扫→冲洗→干燥→第一次化学消毒→10%石灰乳粉刷墙壁和天棚→移入已洗净的器具等→第二次化学消毒→干燥→甲醛熏蒸消毒。

清扫、冲洗、消毒要细致认真，一般先顶棚，后墙壁，再地面，先室内，后环境，逐步进行，不允许留死角或空白。第一次消毒，要选择碱性消毒剂，如1%～2%烧碱、10%石灰乳。第二次消毒，选择常规浓度的氯制剂、表面活性剂、酚类消毒剂、氧化剂等用高压喷雾器按顺序喷洒。第三次消毒用甲醛熏蒸，熏蒸时要求饲养房的湿度70%以上，温度10℃以上。消毒剂量为每立方米体积用福尔马林42毫升加水42毫升，再加入高锰酸钾21克。1～2天后打开门窗，通风晾干饲养房。各次消毒的间隔应在前一次清洗、消毒干燥后，再进行下一次消毒。

⑤用具消毒：饲养用具可先用0.1%新洁尔灭或0.2%～0.5%过氧乙酸消毒，然后在密闭的室内于15～18℃温度下，用甲醛熏蒸消毒5～10小时。工作人员的手可用0.2%新洁尔灭水清洗消毒，忌与肥皂共用。

5. 发现问题，及时处理

有关黄粉虫的疾病诊断目前尚未形成其病理学、微生物学等现代诊断方法，诊断黄粉虫疾病主要是通过观察其症状表现来发现。在饲养过程中，健壮的黄粉虫行动敏捷，成虫行动有匆忙慌张之态，幼虫爬行较快，食欲旺盛。幼虫在休眠期、成虫羽化不久或天气过冷时行动迟缓，但如果这些虫体态健壮，身体光泽透亮，体色正常则并非是病态。发现虫体软弱无力，体色不正常，吃食不正常，就要注意黄粉虫是否可能有病。若发现有病，要及时采取药物治疗和其他相应的措施，控制疾病的传染，提高治疗效果。

（二）常见病害防治

1. 干枯病

（1）病因：发病原因主要是空气干燥，气温偏高，饲料含水量过低，使黄粉虫体内严重缺水而发病。在冬天用煤炉加温时，或者在炎夏连续数日高温（超过39℃无雨时），容易出现此类症状。

（2）症状：先从头尾部发生干枯，再慢慢发展到整体干枯僵硬而死。幼虫与蛹患干枯病后，根据虫体变质与否，又可分为“黄枯”与“黑枯”两种表现。“黄枯”是死虫体色发黄而未变质的枯死；“黑枯”是死虫体色发黑已经变质的枯死。

（3）防治

①在酷暑高温的夏季，应将饲养盒放至凉爽通风的场所，或打开门窗通风，及时补充各种维生素和青饲料，并在地上洒水降温，防止此病的发生。在冬季用煤炉加温时，要经常用温湿度表测量饲养室的空气湿度，一旦低于55%，就要向地上洒水增湿，或加大饲料中的水分，或多给青饲料，预防此病的发生。

②对干枯发黑而死的黄粉虫，要及时挑出扔掉，防止健康虫吞吃生病。

2. 腐烂病（软腐病）

（1）病因：此病多发生于湿度大、温度低的多雨季节。因饲养场所空气潮湿，饲料湿度大或虫体密度大等养殖管理不科学所造成的，或者过筛用力幅度过大造成虫体受伤，再加上管理不好，粪便及饲料受到污染而发病。

（2）症状：表现为病虫行动迟缓、食欲下降、产卵少、排黑便，重者虫体变黑、变软、腐烂而死亡。病虫排的黑便还会污染其他虫，如不及时处理，甚至会造成整盒虫全部死亡，是一种危害较为严重的疾病，也是夏季主要预防的疾病。

（3）防治

①保持室内通风干燥，减少或停喂青饲料，不投喂发霉变质的饲料。

②清理残饵及粪便，及时隔离，拣除病虫，以防止互相感染。

③保持合理的密度。

④过筛时，动作要轻，以减少虫体受伤的机会。

⑤发病后用0.25克金霉素粉拌入0.5千克饲料投喂。

3. 黑头病

（1）病因：据观察，发生黑头病的原因是黄粉虫吃了自己的虫粪造成的。这与养殖户管理不当或不懂得养殖技术有关。在虫粪未筛净时又投入了青饲料，导致虫粪与青饲料混合在一起，被黄粉虫误食而发病。

（2）症状：先从头部发病变黑，再逐渐蔓延到整个身体而死，有的仅头部发黑就会死亡。虫体死亡后呈干枯状，也可呈腐烂状（也有人认为黑头病属于干枯病）。

（3）防治

①此病系人为造成，提高工作责任心或掌握饲养技术后就能避免。

②死亡的黄粉虫已经变质，要及时挑出扔掉，防止被健康虫吞吃生病。

4. 黑霉病

（1）病因：黑霉病也称真菌病或黑斑病，是一种季节性很强的病害。黑霉病的发病环境，主要是环境的湿度太大，潮湿时间过长。在这种环境条件下，真菌大量繁殖，并趁虫体抵抗能力在高温、高湿下大大削弱的机会，随着呼吸道及消化道侵入体内，感染虫体各要害脏器，引起体内机能发生障碍，甚至脏器病变，最终致病，产生致命性危害。

（2）症状：黑霉病发病季节性很强，一般多集中在秋季，且往往大面积染病，虫群表现出程度不一的病症。

黄粉虫感染黑霉病以后，主要临床症状表现为后腹不能卷曲，肌肉松弛，全身柔软，弹性降低，行动呆滞，活动明显减少。此时，食欲大大减小，甚至废绝。天长日久，身体消耗很大，体重减轻，体色光泽消退。仔细观察，发现病虫前腹面有黑色小斑点，大小不一。如果发病时间长，没有得到及时治疗，会发生病虫死亡，并在死亡体上逐渐长出菌丝体，虫体随之被消耗。

（3）防治：向地面洒上福尔马林溶液等，并用金霉素水溶液（0.25克金霉素1片，研粉加水400克，配成0.05%～0.06%的水溶液）洒浇虫群。另外还要消毒。

5. 黑腹病

（1）病因：病因是食入不洁发臭的食物或水而引起。

（2）症状：患黑腹病后，前腹部发胀变黑而死。

（3）防治：防治本病主要是消除腐食和污水，保持清洁的环境。

（三）天敌的防范

黄粉虫个体小，容易遭小型动物的袭击。在养黄粉虫过程中，加强对天敌的防范，人为保护黄粉虫，也是饲养管理的一个重要环节。

1. 螨虫的防治

在7～9月份高温、高湿季节，容易发生螨虫病害。饵料带螨卵是螨害发生的主要原因。螨虫生活在饲料的表面，可发现集群的白色蠕动的螨虫，寄生于已经变质的饲料和腐烂的虫体内，它们取食黄粉虫卵，叮咬或吃掉弱小幼虫和正在蜕皮的中幼虫，污染饲料。即使不能吃掉黄粉虫，也会搅扰得黄粉虫日夜不得安宁，使虫体受到侵害而日臻衰弱，食欲不振而陆续死亡。

（1）防治

①选择健康种虫：在选虫种时，应选活性强、不带病的个体。

②防止病从口入：对于黄粉虫饵料，应该无杂虫、无霉变，在梅雨季节要密封贮存，米糠、麦麸、土杂粮面、粗玉米面最好先暴晒消毒后再投喂。掺在饵料中的果皮、蔬菜、野菜湿度不能太大。还要及时清除虫粪、残食，保持食盘的清洁和干燥。如果发现饲料带螨，可移至太阳下晒5～10分钟（饲料平摊开）即可以杀灭螨虫。加工饲料应经日晒或膨化、消毒、灭菌处理。或对麦麸、米糠、豆饼等饲料炒、烫、蒸、煮熟后再投喂。且投量要适当，不宜过多。

③场地消毒：饲养场地及设备要定期喷洒杀菌剂及杀螨剂。要用0.1%的高锰酸钾溶液对饲养室、食盘、饮水器进行喷洒消毒杀螨。还可用40%的三氯杀螨酸1000倍溶液喷洒饲养场所，如墙角、饲养箱、喂虫器皿等，或者直接喷洒在饲料上，杀螨效果可达到80%～95%。也可用40%的三氯杀螨醇乳油稀释1000～1500倍液，喷雾地面，但切不可过湿。7天喷1次，连喷2～3次，效果较好。

（2）诱杀螨虫

①将油炸的鸡、鱼骨头放入饲养池，或用草绳浸淘米水，晾干后再放入池内诱杀螨类，每隔2小时取出用火焚烧。也可用煮过的骨头或油条用纱网包缠后放在盒中，数小时后将附有螨虫的骨头或油条拿出扔掉即可，能诱杀90%以

上的螨虫。

②把纱布平放在地面，上放半干半湿混有鸡、鸭粪的土，再加入一些炒香的豆饼、菜籽饼等，厚约1～2厘米，螨虫嗅到香味，会穿过纱布进入取食。1～2天后取出，可诱到大量螨虫。或把麦麸炮制后捏成直径1～2厘米的小团，白天分几处放置在养殖盘表面，螨虫会蜂拥而上吞吃。过1～2小时再把麸团连螨虫一起取出，连续多次可除去70%的螨虫。

2. 蚁害的防治

蚂蚁对黄粉虫危害最大。蚂蚁是一种社会性、集群性动物，单个个体小，可以无孔不入，很容易侵入黄粉虫场，然后集聚起来，向黄粉虫发起集团进攻。蚂蚁主要进攻对象是防卫能力相对较低的小黄粉虫以及基本失去防御能力的、正在蜕皮的黄粉虫，也经常攻击处于繁殖期的母黄粉虫。有时，蚂蚁数量很大，还能够靠群体力量围攻健壮的成黄粉虫，将其吃掉。并非所有的蚂蚁都能攻击黄粉虫群，只有小黑蚁和小白蚁最具攻击性，而体型较大的蚂蚁反而威胁较小，有时还往往成为黄粉虫的美餐。

（1）诱杀法

①在养殖场四周挖水沟为阻止蚂蚁进入，也可以在养殖场四周撒上3%的氯丹粉阻止蚂蚁进入。

②找到蚁窝，在蚁窝附近，放置煮熟的动物骨头，诱来大批蚂蚁，然后将附满蚂蚁的骨头用钳夹起，扔进煤油桶中杀死，或直接投入火中烧死。这种方法，只能杀灭部分蚂蚁，远远达不到杜绝目的，可减轻蚁害。但是，这种方法方便易行，且适宜在敞地进行，又对黄粉虫群不产生危害。

③取硼砂50克，白糖400克，水800克，充分拌匀溶解

后，分装在小器皿内，并放在蚂蚁经常出没的地方，蚂蚁闻到白糖味时，极喜欢前来吸吮白糖液，而导致中毒死亡。

④用慢性新蚁药“蟑蚁净”放置在蚂蚁出没的地方，蚂蚁把此药拖入巢穴后，2～3天后可把整窝蚂蚁全部杀死。

（2）熏蒸：对于没有放养种黄粉虫的黄粉虫房（新建黄粉虫房或迁出后的空房），用磷化铝片封闭熏蒸，几个小时后，再开门通风、清除污气，即可达到灭蚁的目的。由于此气体对人、黄粉虫均有害，所以必须小心使用。这种方法可以达到斩草除根的效果。

（3）灌穴：对于能迅速、准确地找到蚁穴的，也常采取药灌蚁穴的方法进行堵洞灭蚁。用除虫净原液灌入蚁穴，即可在短时间内杀灭蚂蚁及蚁穴中的蚁卵，达到根除。但是，由于除虫净也可毒杀黄粉虫子，因此，灌穴时必须距黄粉虫窝50厘米以上，灌后立即用塑料膜封盖洞穴，既可防止蚂蚁爬出逃脱，又可防止黄粉虫与之接触而受到影响。

（4）清水隔离法：用箱、盆等用具饲养黄粉虫时，把支撑箱、盆的4条腿各放入1个能盛水的容器内，再把容器加满清水。只要容器内保持一定的水面，蚂蚁就不会侵染黄粉虫。

（5）生石灰驱避法

①可在养殖黄粉虫的缸、池、盆等器具四周，每平方米均匀撒施2～3千克生石灰，并保持生石灰的环形宽度20～30厘米，利用生石灰的腐蚀性，对蚂蚁有驱逐作用，并且蚂蚁触及生石灰后，体表会沾上生石灰而感到不适，使蚂蚁不敢去袭击黄粉虫。

②蚂蚁惧怕西红柿秧气味，将藤秧切碎撒在养殖池周

围，可防止侵入。

3. 鼠害的防治

对黄粉虫危害较大的啮齿类动物，主要是老鼠。对于黄粉虫来说，老鼠可以说是最难防治的天敌。老鼠不仅吃黄粉虫，而且还将大批黄粉虫一一咬死，并非吃饱即走。加之老鼠天生具有打洞本领，能用锐利的牙及爪掘开干硬的墙壁、地面，进入黄粉虫场，因此对房养有很大的危害。

养殖户要特别注意观察，以免老鼠侵入饲养室，造成损失。

（1）室内墙壁角要硬化，不留孔洞缝隙，出入的门要严密，以免老鼠入内。门、窗和饲养盆加封铁窗纱，经常打扫饲养室，清除污物垃圾等，使老鼠无藏身之地。

（2）一旦发现可用人工捕杀，或用鼠夹和药物毒杀，定时检查，清除死鼠。也可在饲养室内养一只猫来驱鼠。

4. 壁虎

壁虎很喜欢偷吃黄粉虫，是培育黄粉虫的一大敌害，而且比较难防范。一旦培育的黄粉虫被壁虎发现，它会天天夜里来偷吃。因此，要彻底清扫培育室，堵塞一切壁虎藏身之地，门窗要装上纱网，防止壁虎进入。

5. 鸟类

黄粉虫是一切鸟类的可口饲料，若培育室开窗时，往往有麻雀进入室内偷吃，一只麻雀一次可以偷吃几十条幼虫。因此，关好纱窗，防止鸟类入室，开窗时要有人看护是最好的防治方法。

6. 其他敌害的防治

黄粉虫其他的敌害还有蟑螂、蟾蜍等，在培育室四周挖水沟或在培育槽的架脚处撒石灰粉可防治蟑螂、蟾蜍等。

五、黄粉虫的采收与利用

（一）黄粉虫的采收

当黄粉虫幼虫长到2～3厘米时，除筛选留足良种外，其余均可作为饲料使用。使用时可直接将活虫投喂家禽和特种水产动物等，也可把黄粉虫磨成粉或浆后，拌入饲料中饲喂。一般喂猪适用虫粉，水产动物和幼禽适宜喂虫浆、鲜虫等。

（二）黄粉虫的利用

1. 作为动物饲料

黄粉虫可用于饲喂珍禽和观赏动物，也可饲喂蝎子、蜈蚣、蛇、鳖、鱼、牛蛙、蛤蚧、热带鱼和金鱼等经济动物，均能获得较好的效益。近年来，也有用黄粉虫饲喂雏鸡、鹌鹑、乌鸡、斗鸡、鸭、鹅等禽类。用黄粉虫喂养雏禽生长发育快，产卵期提前，繁殖率及成活率都有提高，而且可以增强其抗病能力。

在此要强调一下的是作为动物饲料饲喂中应注意卫生。以黄粉虫活体作为饲料具有很多优点，但在饲喂水生动物时要特别注意饲喂时间和饲喂量。因为，将黄粉虫放进水中后不到10分钟就会被淹死，1小时后开始腐烂。如果投放的黄粉虫量大，短时间内吃不完，时间长了水会被污染，而所养动物食用了腐败的黄粉虫也会得病。因此，在水中投放黄粉虫要选在动物饥饿时，投放量以短时间内能食完为度。

（1）饲喂方法

①饲喂雏鸡：黄粉虫做高蛋白活体饲料喂养雏鸡能大大提高雏鸡的成活率、缩短雏鸡的生长周期。科学地使用黄粉虫活体饲料能显著提高雏鸡的免疫力和抗病能力。和普通的饲料相比用黄粉虫喂养雏鸡的成活率比普通饲料喂养雏鸡成活率高出了16个百分点。

但用黄粉虫喂养雏鸡应注意以下2个问题。

Ⅰ. 喂养雏鸡用的黄粉虫可以用已经死亡的或刚死亡不久的，但不能用死亡后变质腐烂严重的死虫来喂养雏鸡，那样会给雏鸡带来病菌感染导致体质弱的雏鸡死亡。

Ⅱ. 不能投喂过量。因为黄粉虫体内粗蛋白含量高达56%～65%，粗脂肪含量高达30%～34%。对雏鸡投喂的过量黄粉虫会造成雏鸡体内营养均衡失调并带来一系列并发症(如萎靡不振、行动迟缓、眼睛出现炎症、拉稀等症状)，一旦发生此现象时要立即减少投喂量或停喂，采取相应措施，如多喂青饲料、水、含维生素高的鸡饲料。

②饲喂画眉鸟：在饲喂画眉鸟应用人工配合饲料的同时适量投喂黄粉虫，可增强其抗病力，而且可使其羽毛光亮，鸣叫声洪亮。

现介绍几种以黄粉虫为原料的画眉饲料的配制方法和饲喂方法。

Ⅰ. 虫浆米：黄粉虫老熟幼虫30克，小米100克，花生粉（花生米炒熟后研成粉）15克。将纯净的黄粉虫老熟幼虫放于细筛子中，用自来水冲洗干净，再用适量清水烧开后将虫子放入煮3分钟捞出。用家用电动粉碎机或绞肉机将虫子绞成肉浆。将虫浆与小米放在容器中拌匀，放入笼中蒸15分钟，取出搓开，使呈松散状，平放在盘中，晾晒干后即可使用。

Ⅱ. 虫干：取黄粉虫幼虫，筛除虫粪，拣去杂质死虫。冲洗后放于沸水中3分钟，捞出装入纱布袋子中，在脱水机（洗衣机的脱水桶即可）中脱水3分钟，然后放在纸上置于室外晾晒2～3天（也可在干燥箱中以65～80℃烘烤），待虫体完全干燥后收贮待用。黄粉虫干可直接饲喂画眉，也可研成粉拌入配合饲料中饲喂。虫干饲喂画眉时要特别注意虫体卫生。如果处理不卫生，虫体含水量超过6%容易变质或发霉，鸟食用后会患肠炎。特别在夏季，尽可能不用死虫子喂鸟，以虫粉拌入饲料中饲喂效果比较好。虫干和虫粉均应以塑料袋封装冷冻保存。

Ⅲ. 活虫：以活的黄粉虫喂画眉要讲究方法。黄粉虫脂肪含量较高，若饲喂的黄粉虫过量，鸟又缺乏运动，会造成画眉脂肪代谢紊乱，并使鸟体内堆积过多脂肪，体重增加过多而患肥胖症，特别是成年画眉较易发胖。所以黄粉虫一般不宜作单一饲料喂画眉，应在饲喂其他饲料的同时加喂，饲喂量每只鸟每天喂8～16条为宜。年轻体质好、活动量大的鸟可适当多喂些，年老体弱的鸟应少喂一些。给画眉喂黄粉虫时，可用手拿着喂，也可用瓷罐装虫子喂。瓷罐内侧面要光滑，以使虫子不能爬出罐外，罐内不能有水和杂物。

大多数画眉食用黄粉虫后都生长得很好，少数鸟若食得过多时会出现精神不佳，饮水量增加，排便多，常排稀汤样粪便，这多是发生了肠炎。

③饲喂百灵鸟：黄粉虫喂百灵鸟与喂养画眉基本相同，

在喂黄粉虫的同时适量投喂小米、蔬菜及瓜果类。饲喂百灵鸟要喂活虫子，死虫子喂百灵鸟会引起肠炎，甚至死亡。

④喂养蝎子：蝎子是食虫性动物，黄粉虫是蝎子的优良饲料，蝎子养殖户常用黄粉虫来喂养蝎子。养殖黄粉虫也是养蝎技术不可缺少的内容。

喂蝎子以喂黄粉虫幼虫较合适，投喂量须根据蝎龄的大小及蝎子捕食的能力来确定。若给幼蝎喂较大的黄粉虫，幼蝎捕食能力弱，捕不到食物，会影响其生长，有时幼蝎还会被较大的黄粉虫咬伤。若给成年蝎子喂小虫子则会造成浪费，所以应依据蝎子的大小选投大小适宜的黄粉虫，一般幼蝎投喂1～1.5厘米长的黄粉虫幼虫较为适宜。

黄粉虫是十分理想的蝎子饲料，只要养蝎场不是十分潮湿，投入的活黄粉虫仍可与蝎子共同生存好长时间，另外黄粉虫还可取食蝎场内的杂物及蝎子粪便。在选虫作蝎子饲料时要注意以下几点：要投喂鲜活的黄粉虫，运动中的黄粉虫容易被蝎子发现和捕捉。活虫子也不会对蝎窝造成污染；喂幼蝎时要用较小的虫子，必要时应现场观察幼蝎捕食黄粉虫情况，确定是否需要投喂更小的虫子；在蝎子取食高峰期，投虫量应宁多勿缺；蝎子一般夜间出来捕食，要保证夜间有足够量的食物在蝎窝中，防止蝎群互相残杀；养蝎房同时养黄粉虫，可保证蝎子常能吃到新鲜虫子，还能降低养蝎成本。

⑤喂养鳖：用黄粉虫喂鳖效果十分理想。鳖对饵料的蛋白质含量要求较高，最佳饲料蛋白含量在40%～50%。黄粉虫蛋白质含量相当高，适合做鳖的饲料，且黄粉虫干粉中的必需氨基酸配比也适宜动物体吸收转化。鳖对饲料的脂肪及

热量的需求也与黄粉虫的含量相当。以鲜活黄粉虫喂鳖可补充多种维生素、微量元素及植物饲料中缺乏的营养物质，并提高鳖的生活力和抗病能力。所以黄粉虫是人工养鳖较理想的饲料。

以黄粉虫养鳖不同于养鸟和养蝎子，因鳖在水中取食，要考虑到黄粉虫在水中的存活时间。将活黄粉虫投入水中后，因水浸入虫子腹部气门，虫子会在10分钟内窒息死亡，在20℃以上水温2小时后开始腐败，虫体发黑变软，然后逐渐变臭。虫体开始变软发黑就不能作为饲料了。如果鳖继续取食腐烂的黄粉虫，就会引发疾病。因此，以黄粉虫喂鳖，首先要掌握鳖的食量，投喂量以2小时内吃完为宜。春、夏季水温在25℃以上时，鳖食量较大，1天可投喂2～3次，投虫时将虫子放在饲料台上，第二次投喂时要观察前1次投放的虫子是否已被鳖食尽，若未食尽则不要继续投喂。秋、冬季水温在16～20℃时鳖的食量较小，每天投喂1次黄粉虫即可。如果有人工加温条件的，水温在25℃左右则可增加投次数，最好是“少吃多餐”，以保证虫体新鲜。鳖生长季节鲜虫的日投喂量为鳖体重的10%左右较适宜。

⑥喂养蟾蜍：蟾蜍捕食黄粉虫十分活跃，30克重的蟾蜍每次每只可捕食黄粉虫4克左右。食用黄粉虫和其他昆虫的蟾蜍死亡率有很大的降低，蟾酥产量可提高10%以上。黄粉虫饲养容易，可保证蟾蜍饲料供给。

⑦喂养鱼类：用黄粉虫喂鱼，主要用于观赏、珍稀类的鱼种，如热带鱼、金鱼等，由于鱼类摄食方式多为吞食，投喂的黄粉虫虫体不可过大，否则鱼不能吞食，每次投虫量也不可过多，以免短时间内不能食完，出现虫子腐败现象。

⑧喂养蛇：蛇也是吞食性动物，常以蛙、雀、鼠等小动物为食，黄粉虫也可作蛇的饲料，黄粉虫更适合喂幼蛇。以黄粉虫喂成年蛇可与其他饲料配合成全价饲料，加工成适合蛇吞食的团状，投喂量要根据蛇的数量、大小及季节不同而区别对待，一般每月投喂3～5次。

⑨喂养其他经济动物：黄粉虫可饲喂数十种经济动物，食肉性、食虫性和杂食性动物，均可食用黄粉虫。饲喂方法也没有太大的区别。各地可根据各自的情况，采用适合自己的饲喂方法。主要应注意饲喂中的卫生问题。

（2）储存：在工厂化养殖黄粉虫产量过大时，若一时不能全部利用，可以将黄粉虫临时贮存起来。贮存分为鲜贮与干贮2种形式。

鲜贮主要是冷冻贮存，将鲜虫经清洗或蒸煮后加以包装，待晾至常温后放入冰箱或冷库中进行冷冻，在零下15℃以下的温度可以保鲜6个月以上。冷贮的黄粉虫营养与味道与鲜虫相差无几，仍可作为饲料或食品利用。要冷冻的鲜虫用塑料袋包装，一包重约500～1000克，包装好后放入零下15℃的冰柜中冷冻，需要时可以随时取出。

干贮是将幼虫用微波炉烘干或制成虫粉后，用厚塑料袋严密包装起来，放在常温下或低温下贮存备用。贮存时间不得超过3个月。

（3）运输：黄粉虫的运输可以分为活体运输和加工原料虫体运输。

①黄粉虫的活体运输：根据虫态不同又可以分为静止虫态（卵、蛹）和活动虫态（幼虫、成虫，以幼虫为主）2种方式，一般仅限于短距离的运输。运输卵（卵卡）最为方便

与安全，远距离以邮寄卵卡为主要方式，也可以将卵同产卵麸糠和虫粪沙混合运输。

如果要运输成虫，因为它的爬越能力较强，除在运输桶内添加一些麦麸外，还应在箱子和桶上罩上纱网，整个运输过程中要避免挤压和湿水。

黄粉虫幼虫在运输过程中会反复受到震动和惊扰，黄粉虫不停地爬动、不断地活动，虫与虫之间互相挤压，又因虫口密度大，互相拥挤摩擦发热，使局部环境温度增高，特别是夏季运输时，虫间温度可达40℃以上，因而造成大量死亡。在活虫运输前两天内最好不要喂青饲料，因为在运输过程中气温的变化过于频繁，虫子的活动量会偏大，活虫体内的水分容易流失，如果车厢里通风效果不好的话，很容易造成饲养盒内的温度升高，若不及时发现处理的话就会造成不必要的损失。每10千克1箱（或1桶），这样包装不会造成黄粉虫大量死亡。一袋（桶、箱）10千克虫子经1小时的运输，袋（桶、箱）中的温度可升高5～10℃，所以在运输包装袋（桶、箱）内掺入为黄粉虫重量30%～50%的虫粪。虫粪最好是大龄幼虫所产的粪便，颗粒较大，便于幼虫在摩擦后产生温度的散发。虫粪的添加量根据天气情况决定，采用添加虫体总重量1/3的虫粪，但是夏天气温达30℃时，虫粪量要加到虫重的50%。以编织袋装虫及虫粪（袋装1／3量）可平摊于养虫箱底部，厚度不超过5厘米，箱子可以叠放装车，运输过程中要随时观察温度变化情况，如温度过高，要及时采取通风措施。

根据运输虫量先选择好运输工具，运输工具最好是敞篷的高栏车，上面可以遮盖雨布的最好，以预防运输途中不良天气。装虫的饲养盘最好是实木的，那样会有较强的支撑力，根据气候和运输道路的远近决定每个饲养盘该装多少幼虫。气温在不超过20℃的情况下每个标准饲养盘可装5～8龄幼虫2～3千克，而且饲养盘里面还要添加虫体总重量1/3的虫粪。

在装车完毕后一定要将饲养盒整体与车厢固定在一起，以免在运输途中遇见不平整的路面时，饲养盒产生侧翻导致虫子洒落在车厢的底部，给卸车带来不必要的麻烦。气温在25℃以下时运输活虫，可不考虑降温措施，相反在冬季要考虑如何保温。

在运输途中，虫口密集在袋内，如果气温较高，虫体所产生的热量不能很快地散出，袋内温度急剧增高，就会导致黄粉虫因受热而死，造成不必要的损失。因此，夏、秋季节运输黄粉虫是十分危险的。为了避免这种损失，夏、秋季节在平均气温达到30℃左右时，应特别注意。

②黄粉虫的加工原料虫体运输：根据加工方法和加工目标的不同，可以分为冷冻储存运输和干燥虫体运输。冷冻贮存运输，利用冷藏运输车即可实现。干燥虫体的制作可以利用电烘箱、微波炉、晾晒等。

2. 黄粉虫干、粉的加工

（1）干品（干虫）的加工：将黄粉虫虫粪筛干净，挑拣去死虫、杂质，然后用水清洗，滤干水。将洗净的虫子进行自然晒干、用黄粉虫专用微波干燥设备（现在市场上已开发有这种微波干燥设备）进行干燥或进行浆干处理。

制干的比例是1.5千克鲜虫烘出0.5千克干虫。干品标准是：黄粉虫干品含水量<6%，以加工后干虫的虫体长度

判断等级标准（一等33毫米以上，二等25～32毫米，三等20～24毫米），金黄色、无杂质，手捏即碎。

随着黄粉虫产业在国内的发展，黄粉虫养殖技术日渐被人们所掌握，并走向成熟，但是黄粉虫制干过程也能影响产量，只有掌握了制干的技巧，才能有效保证鲜虫和虫干的制干比例。掌握黄粉虫的年龄不能凭个体大小来确定能否制干，黄粉虫和所有动植物一样，同龄虫子个体大小都不一样，有时候4龄虫的个体就能达到25毫米长，而发育不好的虫子个体在7龄时也达不到此长度，因此单凭个体大小来确定是否能制干是不准确的，4～5龄虫制干时，鲜虫和虫干的比例为3.5：1。6～7龄虫制干时，鲜虫和虫干的比例为3：1。夏季由于气温高，黄粉虫生长速度快，40天左右就能达到个体的长度（一般要货方只限制个体长度），但实际上其生长还没有达到成熟，各种成分都达不到所需指标，而且制干后，鲜虫与虫干的比例相差悬殊，一般3千克以上才能制干1千克。因此，黄粉虫制干应在8～10龄，必须达到或超过60天的生长期才能达到2.5千克鲜虫可以制干1千克黄粉虫虫干的比例。

要学会通过辨别颜色来确定是否达到了制干年龄。随着年龄的增长，黄粉虫的颜色由黑褐色变成棕红色再逐渐变成黄白色，也就是说到了8～10龄、颜色变成黄白色时，才达到了制干的年龄。

有的养殖户在制干前大量投喂青饲料，认为这样可以增加制干后的重量，殊不知，黄粉虫在大量进食青饲料后有利于它的消化，原有的重量反而会减轻。要掌握好制干时间，这是关键。现在黄粉虫的制干都采用微波干燥，虽然微波是程序式的，但如果电压不稳定、技术掌握不好，也会出现成品不干和过干、烧锅现象。黄粉虫制干过程中，电压在220伏时需要7～10分钟，电压不稳定时要注意掌握好时间，这样才能确保虫子的质量和产量。黄粉虫干品产品既然是出口的常规制品，加工就要参照进口要求标准。作为饲料原料的黄粉虫，除了用以上标准鉴别以外，其原料还应该符合国家关于高蛋白饲料的质量标准，如蛋白质含量、脂肪含量、卫生指标等相关要求标准。

（2）虫粉的加工：鲜虫放入锅内炒干或将鲜虫放入开水冲煮1～2分钟捞出，置通风处晒干，也可放烘干室烘干，然后用粉碎机粉碎即成虫粉。

根据前期处理的过程不同，黄粉虫虫粉可以分为原粉和脱脂虫粉2种。黄粉虫原粉是指将完全生长成熟的幼虫经烘干以后，不经任何处理直接粉碎而成的虫粉，由于黄粉虫脂肪含量高，直接粉碎有时易于导致粉碎机筛箩的黏糊。脱脂虫粉是指经过化学法或其他技术方法提取一定脂肪后的干燥的、粉碎的虫粉，可以延长保存期并提高蛋白质含量与质量。制成干品应该是今后主要的加工方向，因为只有干品才利于保存和出口。

（3）储存：在室温干燥的条件下，加工干虫和虫粉的保存时间可以达到2年以上，但要经过熏蒸处理，防止仓储害虫的危害。

储存干虫和虫粉时需要注意以下问题。

①熏蒸处理：干虫或虫粉在储存前要经过熏蒸处理，以保证贮存物内无有害生物。

②贮存环境：干虫、虫粉的贮存环境一定要低温干燥，

避免在高温、高湿条件下长期存放。

③防治虫害：采取必要的措施防止各类仓储类害虫的危害。

3. 黄粉虫粪便的利用

黄粉虫粪便极为干燥，几乎不含水分，没有任何异味，是世界上唯一的像细沙一样的粪便，所以又称为沙粪（也叫粪沙）。黄粉虫虫粪沙的综合肥力是任何化肥和农家肥不可比拟的。可以直接用作植物肥料，其肥力稳定、持久、长效，施用后可以提高土壤活性，也可以将虫粪沙与农家肥、化肥混用，对其他肥料具有改性及促进肥效的作用。由于黄粉虫虫粪沙无任何异臭味和酸化腐败物产生，也就无蝇、蚊接近，因此，是城市养花居室花卉的肥中上品。

黄粉虫粪沙因含有比较高的粗蛋白，也能直接作为猪、鱼、鸭等的饲料。如用于喂猪时，在猪的主粮中掺入20%～30%的粪沙，猪不仅爱吃，而且生长快，疾病少，毛色光亮、润滑，猪肉质量好。将粪沙用作特种水产动物的饲料添加剂与诱食剂，有提高生长速度与繁殖率的作用。把粪沙撒入鱼池，还能缓解池水发臭，有效地控制鱼类疾病的发生。

第二章

蚯蚓的培养技术

蚯蚓俗称曲蟮，属于环节动物门、寡毛纲的陆栖无脊椎动物。蚯蚓的分布很广，遍布全世界。蚯蚓生长发育快，繁殖力强，容易饲养，养殖技术简单，是猪、鸡、鸭及貂、貉、观赏鸟等动物的蛋白饲料之一。

一、蚯蚓的生物学特性

1. 蚯蚓的形态学特征

蚯蚓为雌雄同体但需要行异体受精，交换精液后，精卵在黏液管内受精成熟后，蚯蚓退出黏液管留在土壤中，两端封闭，形成卵茧。卵茧经2～3周即孵化出小蚯蚓，破茧而出。

（1）成蚓（图2-1）：蚯蚓身体为长圆柱形，两端稍尖，头部及感觉器官退化。整个身体由环状体节相连而成，体节数因品种而异。身体前端具环状生殖带，雌雄同体，异体受精。具刚毛，并以其作为运动器官。蚯蚓的种类不同，体色也不同，通常背部、侧面呈棕红、紫、褐、绿色等颜色，腹部颜色较浅。

图2-1　成蚓

（2）蚓茧（图2-2）：蚓茧多为椭圆形，只有半粒绿豆大，1条蚯蚓可以产生许多个蚓茧，刚生产的蚓茧多为苍白色、淡黄色，随后逐渐变成黄色、淡绿色或淡棕色，最后变成暗褐色或紫红色、橄榄绿色。

图2-2　蚓茧

（3）幼蚓：幼蚓体态细小且软弱，长度为5～15毫米。最初为白色丝绒状，稍后变为与成蚓同样的颜色。幼蚓期长短与环境温度有关。在20℃条件下，大平2号蚯蚓的幼蚓期为30～50天。

（4）若蚓期：若蚓期即青年蚓期。其个体已接近成蚓，但性器官尚未成熟（未出现环带）。大平2号蚯蚓的若蚓期为20～30天。

2. 主要生活习性

（1）喜温性：蚯蚓喜欢生活在温暖的环境里，其体温随着外界环境温度的变化而改变，是变温动物。因此，蚯蚓对环境的依赖显著，环境温度不仅直接影响蚯蚓的体温和活动，还影响蚯蚓的新陈代谢、生长发育及繁殖等，而且温度又对其他生活条件影响较大，从而又间接影响蚯蚓的生长。蚯蚓的生存温度为0～40℃，在0～5℃休眠，生长适温范围在8～30℃，生长繁殖最适宜的温度为15～27℃，32℃以上停止生长。因种类不同有一定的差异。

（2）喜湿性：蚯蚓喜欢生活在潮湿的土壤里。因没有特化的呼吸器官，空气中的氧气要先溶解于体表的水中，再通过扩散作用进入体壁的毛细血管；呼吸所产生的二氧化碳通过相反的过程排入空气中，因此身体必须保持湿润才能正常呼吸。如果蚯蚓的身体干燥，很快就因为不能正常呼吸而窒息死亡。但湿度过大，对蚯蚓的呼吸不利，被水浸泡或淹没土壤中的蚯蚓会逃逸。蚯蚓生活环境的湿度为10%～70%，适宜湿度是60%～70%。种类不同，对湿度的要求有一定的差异。

（3）穴居性：蚯蚓终生生活在地下，栖息在深度为10～20厘米的土壤中。喜欢潮湿、疏松而含腐殖质多的土壤，特别是肥沃的庭院、菜园及农村猪舍、牛舍附近的垃圾堆、石块下等处。土壤的通气性好，一方面可以促进蚯蚓的新陈代谢；另一方面又不容易产生硫化氢、甲烷等有害气体。

（4）怕盐性：盐料对蚯蚓有毒害作用。

（5）植食性：在自然条件下，蚯蚓的杂食以植物为主，喜欢吞食腐烂的落叶、枯草、蔬菜碎屑、作物秸秆、禽畜粪、瓜果皮和食品厂的废渣以及生活垃圾。特别喜欢吃甜食，比如腐烂的水果，亦爱吃有酸味的食物，但不爱吃苦味和有单宁气味的食物。蚯蚓在土壤中呈纵向地层栖息，头朝下吃食，粪便则排积在地面。

食物对蚯蚓的影响，不仅表现在食物的数量上，而且表现在食物的质量上。以畜粪为食的蚯蚓，它们生长速度更快，所生产的蚓茧数比以植物性饲料为食的同种蚯蚓要多几倍到十几倍，说明用腐烂或者发酵过的、来自动物的有机物饲料培育蚯蚓比植物性有机物饲料效果好。

（6）喜静性：蚯蚓喜欢安静的环境，怕噪声、怕震动。

（7）运动性：蚯蚓在运动时，几个体节成为一组，一组内的纵肌收缩，环肌舒张，体节则缩短，同时体腔内压力增高，这时刚毛伸出，而相邻的体节组环肌收缩，纵肌扩张，体节延长，体腔内压力降低，刚毛缩回，使身体向前或向后运动。整个运动过程，由每个体节组与相邻的体节组交替收缩纵肌与环肌，使身体呈波浪状蠕动前进。蚯蚓每收缩一次可前进2～3厘米，收缩的方向可以反转，因此可做倒退的运动。

（8）再生性：蚯蚓虽然属于低等蠕虫类动物，却具有顽强的生命力，如身体被切断为两段后可再生为两个个体。

（9）生殖特性：蚯蚓4～6月龄性成熟，性成熟后即可进行交配。受精卵排到蚓茧内孵化，孵化时间长短与种类和温度有关。一年可产卵3～4次，每年的3～7月份和9～11月份是蚯蚓繁殖盛季。

3. 对环境条件的要求

蚯蚓在生长发育过程中，对温度、湿度、空气、光照、pH值、养分等均有一定的要求，但不同种类的蚯蚓，其适宜的生长发育条件有所差异。

（1）温度：蚯蚓作为一种变温动物，对温度的要求比较严格。在最适温度范围内，蚯蚓的热能消耗较少，发展速度较快，死亡率也较低。生长适温范围为5～32℃，最适温度为23℃。蚯蚓产卵的最适温度为21～25℃，随着温度的升高或降低，成熟蚯蚓的产卵量均会减少。温度降低，产卵间隔时间延长；温度升高，产卵减少，卵重减轻，卵形变小。当温度高于36℃时，蚯蚓停止产卵，即使产出卵茧，其卵子受精也困难，成为不受精卵，影响繁殖率。

幼蚯蚓的最适温度有一定规律，温度可由高到低，最适温度可高出成熟蚯蚓约3～4℃。卵茧的孵化温度要求从低到高，最好从13～15℃开始，逐渐上升到30℃左右，这样的温度条件可提高孵化率。

（2）湿度：蚯蚓必须栖息在潮湿的环境中，但太潮湿对蚯蚓生存也不利，容易使气孔堵塞致死。

不同种类的蚯蚓对土壤含水量的要求有很大差别。如环毛蚓、异唇蚓等要求干燥，适宜土壤含水量在30%左右；而爱胜蚓、大平二号等主要养殖在有机饲料中，要求饵料含水量60%～70%。茧孵化的湿度要求在60%左右。

（3）氧气：蚯蚓生活在基料和饵料中，生长环境和条件不利于呼吸作用。加上基料和饵料不断再发酵，与蚯蚓争夺氧气，容易造成二氧化碳聚积、氧气不足，影响蚯蚓的生长发育。

在蚯蚓饲养过程中，应加强通风换气，疏松基料和饵料，保证有充足的氧气，从而可以维持蚯蚓新陈代谢旺盛。

（4）光照：蚯蚓对光线非常敏感，喜阴暗，惧怕强光照射，正常情况下白天伏在穴中不动，夜间进行掘土、摄食、交配等活动。人工室外养殖时要在饲养池上方搭棚遮光，防止日光直射。

（5）pH值：蚯蚓对土壤的酸、碱度很敏感，在强酸、强碱的环境里不能生存，适宜的土壤pH为6～8。

此外，二氧化碳、氨、硫化氢、甲烷等气体对蚯蚓生存不利，这些有毒气体是有机质在发酵过程中产生的。另外，在养殖蚯蚓时还应防止农药对蚯蚓的毒害作用。

（6）养分：蚯蚓从基料、饵料所含的蛋白质、无机氮源、糖类、纤维素和木质素等物质中吸收氮素和碳素营养。此外，还需要吸收钙、钾、镁、钠、磷等矿物质元素。

二、蚯蚓养殖前的准备

人工养殖蚯蚓的目的是要达到投入产出的最佳效益，尤其是规模化的蚯蚓养殖场。场地的选择和植被的布局直接关系到蚯蚓能否养殖成功，以及产量的高低和经济效益，因此，在选择合适的场地之后，要使植被布局达到最佳状态。

（一）养殖场地的选择

根据蚯蚓的生活习性和生长要求，养殖场应选择在僻静、温暖、潮湿、植物茂盛、天然食物丰富、没有污染等接近自然环境的地方。养殖地形最好是稍向东南方向倾斜，以便接受更多的阳光照射。水源注意建在排灌方便、不容易造成旱涝灾害的地方。土质要选择柔软、松散并富含丰富的腐殖质的土壤为好。

（二）养殖方式的选择

人工养殖蚯蚓具体的养殖方法和方式应根据不同的目的及规模大小而定。其养殖方式可分为2大类，即室外养殖和室内养殖。室内养殖，按照养殖容器的不同，有盆养殖法、箱筐养殖法等；室外养殖，常见的有池养殖法、沟槽养殖法、肥堆养殖法、池养殖法、农田养殖法、地面温室循环养殖法、半地下室养殖法、人防工事养殖法、塑料大棚养殖法等。虽然养殖容器和场地各异，但其基本原理是相同的。

1. 缸盆（钵）养殖法

可利用花盆、盆缸、废弃不用的陶器等容器饲养。由于盆缸等容器体积较小，容积有限，只适于养殖一些体型较小，不容易逃逸的蚯蚓种类，如赤子爱胜蚓、微小双胸蚓、背暗异唇蚓等。而体型较大的、容易逃逸的环毛蚓属的蚯蚓往往不适宜于这种养殖方式。该法也仅适用于小规模的养殖，但有其优点，即养殖简便、易管理，搬动方便，温度和湿度容易控制，便于观察和统计。

盆内所装饲料的多少取决于盆的容积大小和所养蚯蚓的数量。一般常用的花盆等容器，可饲养赤子爱胜蚓10～70条，但盆内所投放的饲料不要超过盆深的3／4。由于花盆体积较小，盆内温度和湿度容易受外界环境条件的影响而产生较大的变化。盆内的表面土壤或饲料容易干燥，温度也易于变化。所以在用花盆养殖时要特别注意，在保证通气的前提下，要尽量保持盆内土壤或饲料的适宜湿度和温度，如可加盖苇帘、稻草、塑料薄膜等，经常喷水，以保持其足够的湿度。还应注意的是在选择盆、缸、罐等容器时，一定不要用已盛过农药、化肥或其他化学物品的容器，以免引起蚯蚓死亡。

常规的陶缸养殖法存在着透气性差、滤水性差、基料性能不稳定的弊端，因此可做一些技术改进。

（1）缸壁凿孔：农家盛水、贮粮的大型陶缸，如改用于养殖蚯蚓，必须加以合理改造，达到透气、滤水效果。如果像花盆那样在底部开孔透气，蚯蚓因喜暗而会从此孔逃逸；陶缸也因开了底孔而失去保水功能。正确的方法是在距缸底10～15厘米处沿缸壁开凿直径3～5厘米的孔洞，以利缸内基料排水、透气。孔洞凿成后，取网孔为8～12目的尼龙纱网遮住孔洞，用树脂胶将纱网固定。

（2）铺垫滤水石：陶缸底部铺垫一层滤水石，可将基料中的多余水分及时滤掉，不至于渍水；基料中如含有某些毒素，可随水滤掉；便于对基料进行临时灭菌、杀虫、消毒操作；滤水石具有大量空隙，成为基料上下气体交换的主要通道，从而解决了常规陶缸密封不透气的问题。滤水石宜选择光滑的小卵石，最好是半透明、乳白色的“蛋白石”，滤水石的直径为1厘米。不宜使用页岩、砂岩等质地松软的石子，否则滤水层容易滋生藻类而堵塞通气孔道，石子本身也容易崩解为细沙而淤塞滤水层。

铺垫滤水石之前，陶缸底部应做下列必要的处理。

①用浓度为5%的生石灰水溶液浸泡陶缸内壁，消毒2小

时，然后用清水冲洗干净，将排水孔朝向光线最强的方向。

②缸底铺垫3～5厘米厚的防腐剂，其配方为：市售病虫净（粉剂）50克，苯甲酸40克，过氧化钙80克，细沙5千克，混合，拌匀。

③铺垫完毕，取熟石膏粉及少许珍珠岩粉，加清水拌成粥糊状，敷盖于防腐剂之上，同时振动缸体，使其分布均匀。经过上述处理，可使缸内滤水石1年内不滋生藻类、细菌、病毒、害虫，缸底不会滋生腐败菌类，不出现酸化趋势，还能在半年内不断由下而上向基料释放氧气。

④将挑选好的滤水石用清水洗净，投入浓度为0.02%的高锰酸钾溶液中浸泡3～5分钟，捞出，轻轻铺放于缸底已凝固的防腐沙层之上，其高度以正好盖住缸壁排水孔为宜。

（3）安装换气筒：陶缸中央必须安装一个换气筒，以利基料通风透气。其顶端与缸口齐平，上、下口直径分别为5厘米和12厘米。换气筒可用竹篾编织成圆锥烟囱状的箅子，编织缝隙为2～3毫米。编好后投入沸水中煮1～2小时，使其软化、定型，然后捞起，浸泡于病虫净溶液中12～24小时即可。将药液浸泡过的换气筒，大头朝下竖立于陶缸中央，四周用粒径为5毫米的“米粒石”（建筑材料店有售）填埋、压住，高度为3～5厘米。“米粒石”表面罩上8目的尼龙纱网。经过上述改造的陶缸，其中的基料透气效果大为改善，含氧量显著增加，含水率始终保持正常值，从而为蚯蚓高产稳产创造了良好条件。

2. 箱、筐养殖法

可利用废弃的包装箱、柳条筐、竹筐等养殖，但不能用已装过农药、化学物质的箱和筐容器饲养，也不能用含有芳香性树脂和鞣酸的木料来加工养殖箱具，因这些材料对蚯蚓有害，也不能用含有铅的油漆或酚油等材料制造饲养箱，这些材料对蚯蚓有害。箱、筐的大小和形状，以易于搬动和便于管理为宜。一般箱、筐的面积以不超过1平方米为好。

养殖箱的规格常见的有以下几种：50厘米×35厘米×15厘米；60厘米×30厘米×20厘米；60厘米×40厘米×20厘米；60厘米×50厘米×20厘米；60厘米×30厘米×25厘米；45厘米×25厘米×30厘米；40厘米×35厘米×30厘米等。在养殖箱底和侧面均应有排水、通气孔。为便于搬运，可在箱两侧安装拉手把柄。箱底和箱侧面的排水、通气孔孔径为0.6～1.5厘米；箱孔所占的面积以占箱壁面积的20%～35%为好。箱孔除可通气排水外，还可控制箱内温度，不至于因箱内饲料发酵而升温过高。另外，部分蚓粪也会从箱孔慢慢漏落，便于蚓粪与蚯蚓的分离。箱内的饲料厚度要适当，可以根据不同季节和温湿度来调整，在冬季饲料的厚度可适当增厚，不过饲料装得过多，易使通气不良，饲料装得过少，又易失去水分、干燥，从而影响蚯蚓的生长和繁殖。为减少箱内饲料水分的蒸发，保持其一定的湿度，除可喷洒水外，还可在饲料表面覆盖塑料薄膜、废纸板或稻草、破麻袋等物。当然养殖箱也可用塑料箱代替，价廉而经久耐用，不容易腐烂。

若要增加养殖规模，可将相同规格的饲养箱重叠起来，形成立体式养殖。这样可以减少场地面积，增加养殖数量和产量。如欲进行大规模集约化养殖，可以采用室内多层式饲养床养殖，以充分利用有限的空间和场地，增加饲养量和产量，而且又便于管理。长年养殖，多层式饲养床可用钢筋、角铁焊接或用竹、木搭架，也可用砖、水泥板等材料建筑垒砌，养殖箱则放在饲养床上，以放4～5层为宜，过高则不便于操作管理，过低又不经济。在两排床架之间应留出通道（1.5米左右），便于养殖人员通行、操作管理。在放置饲养床的室内应设置进气门，在屋顶应设置排气风洞，以利于气体交换，保持室内空气新鲜，有利于蚯蚓的生长繁殖。在冬季应考虑室内的温度，可采取加温和保温措施，如利用太阳能、附近工厂和热电厂等蒸汽余热或各种加温设施。在养殖蚯蚓的室内要安装照明设施，以供夜间照明，防止蚯蚓逃逸。除上述设施外，在室内还应备有温度表、湿度表（自记式或直观式）、喷雾器、竹夹、碘钨灯（或卤素灯）、网筛（孔直径为4毫米）、齿耙等用具。

箱养殖蚯蚓的密度，控制在单层每平方米4000～9000条，过密则影响蚯蚓取食、活动以及生长繁殖，过稀则经济效益不佳。为减少饲料层水分的蒸发，其上可覆盖塑料薄膜、麻袋、草席、苇帘等。在冬季气温降至-1℃时，应注意及时加温、保暖，使室内温度保持在18℃以上，为防止蚯蚓冻死，养殖室内的温度要保持稳定，并且养殖室内每天应打开通气孔2～3次，使其保持空气流通和新鲜。夏季炎热，气温升高时，可经常用喷雾器喷洒冷水，以保湿降温，并且进气门孔应全部打开通风。

当蚯蚓逐渐长大后，应减少箱内蚯蚓的密度。用长60厘米、宽40厘米、高20厘米的养殖箱养殖，每个箱内投放蚯蚓2000条左右。在温度20℃，湿度75%～80%和饲料条件充足时，经过5个月的养殖，即可增至18 000条左右。在箱式或筐式立体养殖时，应注意箱间上下、左右的距离，以利于空气的流通。

这种立体式饲养床养殖方法具有许多优点：充分利用空间，占地面积小，便于管理，节约劳动力，也较为经济，其生产效率较高。据有关实验测定，采用这种方法养殖，其4个月增殖率为平地养殖的100倍以上，并且从产蚓茧到成蚓所需要时间大大缩短，饲料基本粪化的时间也大大缩短，饲养床内的水分可经常保持在75%～80%左右，相对较稳定。饲养床的温度上升能够保持在30℃以下。并且饲料的堆积状态在2个月后，堆积深度仅为8厘米，较均匀，管理和添加饲料以及处理粪土也十分方便。总之，采用立体箱式养殖方法具有较高的经济效益和诸多的优点，也是目前常采用的方法之一。

3. 半地下温室、人防工事或防空洞、山洞、窑洞养殖法

这种养殖方式的优点是可充分利用闲置的人防工程，不占用土地和其他设施，加之防空洞、山洞和窑洞内阴暗潮湿，温度和湿度变化较小，而且还易于保温。但在这些设施内养殖蚯蚓必须配备照明设备。

半地下温室的建造，应选择背风、干燥的坡地，向地下挖1.5～1.6米深、10～20米长、4.5米宽的沟，中央预留30～45厘米宽的土埂不挖，留作人行通道，便于管理。温室的一侧高出地面1米，另一侧高出地面30厘米，形成一个斜面，其山墙可用砖砌或用泥土夯实，以便保暖，暴露的斜面，用双层薄膜覆盖，白天可采光吸热，晚上可用苇帘覆盖保温。冬季寒冷天气，可在半地下室加炉生火，补充热量升温，炉子加通烟管道，排除有害烟气。室温一般可达10℃以上；饲养的床温在12～18℃以上，在晴朗的天气，室内温度可达22℃以上。饲养床底先铺一层约10～15厘米厚的饲料，然后再铺一层同厚的土壤，这样一层一层交替铺垫，直至与地表持平为止。在床中央区域内可堆积马粪、锯末等发酵物，在温室两侧山墙处可开设通气孔，这种养殖方法可得到较好的效果。

当然地坑、地窖、温室和培养菌菇房、养殖蜗牛房等设施同样可以饲养蚯蚓，而且蚯蚓还可以与蜗牛一同饲养。在土表上养殖蜗牛，蜗牛的粪便和食物残渣还可以作为蚯蚓的上好饲料。蜗牛的粪便中含有丰富的有机物，可作为蚯蚓的好食料。据计算，蜗牛成体平均体重为32.5克，一天排出的粪便约1.5克，而体重为0.45克的幼体，一天排出的粪便约有0.09克，混合养殖后，不仅充分利用了蜗牛粪便中的有机物和投喂后的食物残渣，而且还可以免去每周清理扫除箱、池内蜗牛粪便的劳动量。

据试验证明，蜗牛虽然能食取蚯蚓的尸体，但在饲料充足的情况下，潜入土壤中生活的蚯蚓是不会被蜗牛侵害的，也没有发现两者之间出现相互残杀的现象。在蚯蚓和蜗牛混养过程中，两者的生长繁殖都比较正常，而且比单一喂养的蜗牛或蚯蚓生长得更好。

蜗牛与蚯蚓混养的比例，以放入得蚯蚓基本上能清除、消化掉蜗牛的粪便和食物残渣并且两者生长都较正常为宜。混养时，两者的投放量可按重量计算，一般蜗牛与蚯蚓投放的比例为（11～15）：1。在开始饲养时，蚯蚓的投放数量可以少一些。因为在混养过程中，蚯蚓也同样会生长、繁殖。所以在饲养过程中，要看蜗牛与蚯蚓生长和繁殖的情况、随时调整比例。如果发现蚯蚓过多，可移出一部分蚯蚓和蚓粪，更换一些新土。

4. 池养殖

可利用阳台、屋角等闲置地方，建池养殖。

在室内用砖砌成5平方米大小的方格池，高25厘米左右，垫上10厘米以上的松土，或建成长2米、宽2.5米、深0.4～0.5米的池，或按行距0.5米左右一个挨一个地排列建造。

如果地下水位较高，可不挖池底，在地上用砖直接垒池。如果地势高而干燥，可向下挖40～50毫米深池，以保持池内的温度和湿度。

5. 棚式养殖法

棚式养殖，其结构与冬季栽种蔬菜、花卉的塑料大棚相似，棚内设置立体式养殖箱或养育床。

可采用长30米、宽7.6米、高2.3米的塑料大棚。棚中间留出1.5米宽的作业通道，通道两侧为养殖床。养殖床宽2.1米，床面为5厘米高的拱形，养殖床四周用单砖砌成围墙，高40厘米，床面两侧设有排水沟，每2米设有金属网沥水孔。棚架用4厘米钢管焊接而成。整个养殖棚有效面积为126平方米。最多可养殖200万～300万条成蚓。

塑料棚养殖受自然界气候变化影响较大，因此必须做好环境控制工作，主要是在夏、冬季节。蚯蚓的适宜温度为17～28℃。当夏季气候炎热时，尤其在盛夏高温时，必须采取降温措施。温度太高对蚯蚓生长繁殖不利，可以采取遮光降温，将透明白色塑料薄膜改用蓝色塑料薄膜，在棚外加盖苇席、草帘等，还可在棚顶内加一隔热层，或采用放风降温等方法。当棚内温度超过30℃时，可打开通气孔或将塑料薄膜沿边撩起1米高，以保持棚内良好通风，降低温度。也可喷洒冷水降温，使棚内空气湿润，地面潮湿。还可采取缩小养殖堆的方法，使养殖堆高度不超过30厘米，以利通风，并且在养殖堆上覆盖潮湿的草帘。采取以上措施可使棚内温度降低，棚温不超过35℃，而床温又低于棚温，床温最高不超过30℃，在一般情况下，可保持在17～28℃范围内。在冬季采取防风、升温、保温等措施，在入冬前，可将夏季遮阳光物全部拆下，把塑料膜改为透明膜，以增加棚内光照和加温，还可在棚外设防风屏障，加盖苇帘或草帘，使整个棚衔接处不漏风。另外，在棚内增设内棚，以小拱棚将养殖堆罩严保温，增设炉灶，建烟筒或烟道加温，还可改变养殖堆，将养殖层加厚至40～45厘米，变为平槽堆放。采取这些措施可以大大提高棚内和养殖堆的温度。如当棚外温度降至-14～-16℃时，则棚内温度可保持-7～-4℃；而加设有炉的棚内温度可达9℃以上；床内温度可达8℃以上；整个冬季蚯蚓仍能继续采食，生长。

总之，采用塑料棚养殖蚯蚓，虽受自然界气候变化的影响较大，但是只要做好环境控制工作，除冬季1～2个月和盛夏以外，全年床温均能保持适宜蚯蚓生长、繁殖的温度范围。

养殖棚的另一种规格为高2米、宽6米、长30米，棚中留过道，以便饲养管理。棚两侧用砖砌或泥土夯实做棚壁，以防止外部的噪音和振动，棚四周挖排水沟，以便雨季防止积水。在棚壁两侧设置通气孔。在养殖棚内可设置能拉进拉出的箱状设备。养殖槽内的温度和湿度，由换气孔和散水装置控制在所规定的范围内。可把酒糟、纸浆粕和含有大量动植物蛋白的鱼渣、谷类、谷皮等和腐殖质混合，马粪、牛粪、麦秸或培养食用菌后的下脚料等铺设在养殖槽内的箱中。在这种条件下养殖，大约每3.3立方米的养殖槽内，可繁殖蚯蚓10万条以上。约20个月后，可由数万条蚯蚓繁殖到数百万条以上。

6. 沟坑养殖法

选择房前屋后等空隙地的背风、遮阳、潮湿处，开挖沟槽或土坑。沟槽宽1米，深0.6～0.8米，长度不限。土坑深度0.5～0.6米，形状不拘，面积一般2～3平方米，也可为10～20平方米。沟槽或土坑底部应有防积水的设施（如敷设简易排水管）。先铺一层5～10厘米厚的发酵腐熟粪便，再铺一层同样厚的杂草或树叶、麦秸、豆秸秆等，上面铺一层10厘米厚的沃土。如此铺叠，直至将沟坑填满。表土上覆盖稻草、芦苇或麻袋等物保温、保湿，视天气状况适时喷淋水。要求土壤湿度保持在30%～32%，低于25%时，环毛蚓会发生逃逸。

此法适宜放养环毛属、异唇属、杜拉属等蚯蚓和赤子爱胜蚓。它们大都能吞食大量的土壤，滤食性好。每平方米投放5克重的环毛蚓2000～3000条，规格稍小的蚓种可达8000条。放养2个月后便可采收成蚓和蚓粪，以后每个月采收1次。

7. 林下废地巧养蚯蚓

近年来，我国林业尤其是速生杨发展很快，但杨树成林4～5年后，树冠郁闭，林下土地用于种植难以形成产量；用于畜禽养殖则又嫌阳光太差，而且家畜粪尿容易“烧”死林木，但利用林下土地养殖蚯蚓却十分合适。这种养殖模式，不仅利用了林下废地，而且树木生长与蚯蚓养殖两者之间存在很强的互补作用。树冠枝叶夏季可为蚓床遮阳控温，落叶还为蚓床遮光保湿，腐枝烂叶可成为蚯蚓食料。蚯蚓为树木提供大量氮、磷、钾元素和生物菌肥，蚯蚓排出的二氧化碳可使树木光合作用增强。管理蚓床时定期喷水又给树木提供了高效水肥。

8. 垃圾饲养法

利用垃圾饲养蚯蚓，既可以处理生活垃圾，又可以收获蚯蚓和得到蚓粪，这种方法在日本、美国和我国台湾已被广泛应用，收效很大。

饲养蚯蚓的垃圾要经过处理，先将垃圾进行筛选，去除对蚯蚓生长繁殖有害的金属、塑料、玻璃、石头、杂木等，把分离出来的有机物进行堆沤发酵，最后将发酵腐熟后的垃圾作为饲料，放入沟内、池内用来饲养蚯蚓。

9. 工业废渣养殖法

利用工业有机废弃物养殖蚯蚓，化害为利，是解决城市工业“三废”污染的有效途径之一，可以大大降低常规治理方案所需要的昂贵费用，并为城市绿化提供了大量高效廉价的优质蚓粪。

（1）养殖品种：赤子爱胜蚓是处理工业活性污泥的较好品种。

（2）污泥处理：工业活性污泥的特点是颗粒极细，物理性状类似重黏土，通透性能极差。大量厌氧微生物在其中繁殖旺盛，并分解污泥而产生硫醇、硫化氢、甲烷及氨等有毒物质与恶臭气味，蚯蚓难以耐受。有些污泥还含有重金属、酚类、氰及病原体，甚至含有化学凝聚剂如三氯化铁、消石灰等对蚯蚓不良的物质。据观测，工业污泥若不加任何处理就直接用作基料，蚯蚓将会逃逸或体态肿胀，甚至呈念珠状中毒反应；若污泥仅经过预处理，但没有发酵，则部分蚯蚓虽能定居栖息，但生长迟缓，产茧极少或不产茧。因此，污泥作为基料，必须加以预处理和充分发酵。对工业污泥进行预处理必须采用特殊的工艺，不同于用农业有机废物养殖蚯蚓。

①调节pH值：利用工厂排放的废硫酸或氢氧化钙溶液，均匀拌入工业污泥中，使其pH值调节到6～7。

②添加疏松剂：在污泥中加入5%～10%的锯木屑或稻谷壳，拌匀，以增加污泥的疏松程度，促进好气性微生物的活动和繁殖。

③调整碳氮比：工业污泥的碳氮比，往往不适合蚯蚓的生理需要。应根据其实测的有机成分（碳、氮含量），适当补充碳素或氮素，使碳氮比达到15～40。加水翻拌均匀，使其含水率为70%。

④堆沤发酵：将经过上述预处理的工业污泥堆积为高1米、长和宽不限的料堆，覆盖塑料薄膜，保湿、保温，自然发酵。待料堆内部温度上升至50～60℃，然后下降时，进行翻堆处理。必要时淋水增湿，再次堆积发酵。如此反复操作多次，直至料温不再升高，即可认定发酵过程结束。检查料堆各部分，要求质地疏松，湿润透气，无恶臭气味，含水率为70%。如此发酵合格的污泥，即可用于养殖蚯蚓。

（3）饲料配方：利用蚯蚓处理（净化）工业污泥的效率高低，与饲料（污泥为主）配合是否合理密切相关。

①活性污泥（单一饲料，仅用2%废硫酸处理过）。

②活性污泥加锯木屑。

③活性污泥加麦麸。

④活性污泥加青草。

⑤活性污泥加黏土。

经过饲养试验，证明方案①、方案④效果最佳，蚯蚓增重明显，产茧量大。

（三）饲料选择与配制

蚯蚓的养殖成功与失败，饲养基制作起着决定性作用，饲养基是蚯蚓养殖的物质基础和技术关键，蚯蚓繁殖的快慢，很大程度上决定于饲养基的质量。

饲养基有“基料”和“添加料”之分，基料是蚯蚓生活的基础之料，是蚯蚓的栖身之所，又是蚯蚓的取食之地，而蚯蚓的添加料实际上是对基料中营养物质的补充，通过添加一些饲料，使蚯蚓繁殖更多、生长更快、产量更高、寿命更长。

1. 基料的配制

由于蚯蚓的基料具有食、宿双重功能，不同于投喂畜禽的投养料，故在饲料的选择搭配加工调制以及投放饲喂等方面，均有一定的特殊性，应予以充分注意。

（1）基料的选择：蚯蚓所需要基料的原料比较广泛，大体上可分为粪肥类和植物类。

①粪肥类：主要有厩肥和垃圾，如牛、马、猪、羊、鸡、鸭、鹅、鸽等畜禽粪便和城镇垃圾以及工厂排出的废纸浆末、糟渣末、蔗渣等。这些物质的蛋白质等营养成分较高，生物活性也比较强，一方面可以满足蚯蚓生长繁殖所需

要的营养成分；另一方面也容易促进真菌的大量繁殖和有机物的酶解，对蚯蚓的新陈代谢也有一定的帮助作用。

②植物类：主要有阔叶树树皮及树叶、草本植物、禾本植物等。在生产实践中，有一些杂物混入，不可能分别去化验鉴定，这就必须凭借嗅觉等感观加以辨别。我们通常收割的大豆、豌豆、花生、油菜、高粱、玉米、小麦、水稻等农作物的茎叶，山林地的树皮、树叶，水塘中的植物等都可以用作基料的原料。

凡含有强刺激性物质的植物不宜用作蚯蚓饲料，如松、柏、杉、樟、枫、楝、樟树等，其树皮、叶子中往往含有松节油或生物碱、龙脑、桂皮酸、香精油、岩藻糖、萘酚、苦木素等蚯蚓厌恶的化学成分；草本植物、禾本科植物中的曼陀罗、毛茛、烟叶、艾蒿、苍耳、猫儿草、水菖蒲、颠茄和一枝蒿等，因含有蓼酸或糖苷、甲氧基蒽醌、大蒜素、白屈菜素、血根碱、龙葵碱、莨菪碱、鱼藤酮、氨茶碱、毒毛苷、藜芦碱、乌头碱、凝血蛋白、钩吻碱和烟碱等毒性物质或生物碱，均不可采用。

（2）基料的处理

①基料的保管：基料的保管、存放过程实际上是基料处理的一个生产环节。如果存放时间较长则应对进场的基料有严格的技术质量检测标准。

干植物类的基料中含水分不超过12%，沙、土等混合杂物不超过1%；粪肥类和下脚料类湿度不超过25%，沙、土等混合杂物不超过5%；垃圾中的无机类混合物、人工合成有机类物和不能加工的植物等不允许存放于基料中。

存放前或来不及存放的要及时撒上生石灰以及灭蝇药之

后用塑料薄膜盖严。堆放时要经过加工处理，防止二次污染以及腐臭气味的发生。

②基料的加工：无论是基础饲料，还是添加饲料，在堆制发酵前，必须首先进行加工。如植物类的杂草树叶、稻草、麦秸、玉米秸、高粱秸等要铡切、粉碎成1厘米左右长短；蔬菜瓜果、禽畜下脚料等要切剁成小块，以利于发酵腐败；生活垃圾等有机物质，必须进行筛选，剔除碎砖瓦砾、橡胶塑料、金属、玻璃等无机废物和对蚯蚓有毒、有害的物质，然后进行粉碎。垃圾类植物要经过碱水浸泡消毒。

Ⅰ. 大型牲畜料的加工：主要是大型食草类牲畜的粪便。加工过程实际上就是晾晒，通过晾晒使粪便的含水量降到20%以下，然后再过筛，将未通过的杂草晒干后归入干料加工。

Ⅱ. 中型畜禽料的加工：主要是杂食类动物粪便，其加工除进行晾晒和过筛外，还应撒入1%的生石灰粉末，进行消毒处理。

Ⅲ. 小型禽类料的加工：这类粪便容易生蛆，而且容易腐臭，因此，应及时在烈日下晒干或进行人工烘干。如果不能及时干燥处理，可以加入适量的干锯木后待加工。

Ⅳ. 秸秆的加工：将阴干或晒干的不含有毒作物秸秆及粮棉加工副产品均可粉碎作原料。用锤式粉碎机将秸秆粉碎草粉。禾本科植物应与豆科植物分开粉碎，以便下一步配置。将粉碎的禾本科草粉和豆科草粉按3∶1混匀，用30～40℃温水拌草粉，湿度以用手捏能成团，松手能散开为宜，堆放在背风屋角，堆成40厘米厚的方形堆，上面盖麻袋。当堆内温度达到40～50℃，至发酵料能闻到酒曲香味时，发酵即成。发酵好的草粉应在3个月内喂完，以免变质。

③基料的贮存：植物干料的长期贮存应首先在库内地面上撒一层生石灰粉末，料的底部要有通风设施，防止发生细菌和病菌等有害微生物。

Ⅰ. 大型牲畜料的贮存：这类基料一般比较松散，透气性也较好，因此比较容易保存，但容易生甲壳类昆虫，这就需要进一步处理，除打扫干净以外，还可以使用长效病虫净粉剂。如果处理不当，发生虫类危害时，可以用硫黄或高锰酸钾加甲醛熏蒸，将虫害杀死。

Ⅱ. 中型畜禽料的贮存：此类粪肥有一定的臭味，因此最好用半地下水泥地贮存。基料入池前也可加一些杀虫药剂，然后再用塑料薄膜封闭即可。

Ⅲ. 小型禽类料的贮存：此类粪肥臭味较浓，需要干燥后贮存，贮存时还应加入干燥锯末50%，草木灰40%，病虫净2%，生石灰3%，谷壳3%以及除臭剂2%（配方：活性炭43%，苯酚2%，苯甲酸钠2%，碳酸氢钠20%，硫酸铝10%，氢氧化铜1%，十二烷基硫酸钠2%，芳香剂2%）混合均匀后入库封闭贮存。

Ⅳ. 糊状以及液态料的贮存：含水分少一点的糊状料可以按照小型禽类料加工处理后贮存；含水分较多的液态下脚料，可以直接进入发酵池内组合到基料中，也可以加入少许纯碱沉淀后留取浓液混入苯甲酸钠2%进行贮存。

（3）基料的配制：在制备、选择饲料时还必须注意饲料所含营养的比例，以达到营养成分的相互平衡，包括蛋白质、维生素以及无机盐等营养素，使蚯蚓能快速生长和繁殖。取粪料（人或猪、羊、兔、牛、马、鸡的粪便或食品厂下脚料）60%，各种蔬菜废弃物、瓜果皮和各种污泥（塘泥、下水道污泥等）、草料（杂草、麦、稻、高粱、玉米的秸秆）木屑、垃圾和各种树叶40%，经过堆沤发酵而配制的蚯蚓饲料，均可取得满意的效果。

①基料的配方：基料的配方较多，可根据养殖不同的蚯蚓种类以及原料不同具体选择不同配方。

配方一　茎叶类25%，大型牲畜料30%，中型畜禽料20%，小型禽类料20%，植物性糊液4%，动物性糊液1%。

配方二　茎叶类35%，大型牲畜料28%，中型畜禽料30%，动物性糊液7%。

配方三　茎叶类45%，大型牲畜料20%，小型禽类料30%，植物性糊液5%。

配方四　茎叶类30%，中型畜禽料30%，小型禽类料20%，酒糟20%。

配方五　大型牲畜料30%，小型禽类料38%，糖渣30%，饼粕2%。

配方六　茎叶类30%，大型牲畜料35%，烂蔬菜水果30%，动物性糊液5%。

配方七　大型牲畜料50%，中型畜禽料20%，废纸浆30%。

配方八　杂木锯末40%，小型禽类料50%，谷壳10%，另加潲水适量。

配方九　食用菌生产废料50%，中型畜禽料20%，动物脂性污泥30%。

配方十　甘蔗渣40%，甜味瓜果皮30%，粒状珍珠岩

10%，纸屑20%。

以上基料、添加料配方，虽然组分复杂，成本较高，但结构合理，养分齐全，符合高投入、高产出的原则。据试验，与使用常规粪草饲料相比，养殖密度可提高7倍，每平方米日产成蚓量增长4～9倍。可供大规模生产的养殖场、专业户选用。

小批量养殖蚯蚓的农户，可因地制宜从下列简易配方中选用1～2则，调制成基料。

配方一　牛粪、猪粪、鸡粪各20%，稻草40%。

配方二　玉米秆或麦秸、花生藤、油菜秆混合物40%，猪粪60%。

配方三　马粪80%，树叶、烂草20%。

配方四　猪粪60%，锯木屑30%，稻草10%。

配方五　畜粪30%，有机垃圾70%。

配方六　人粪30%，畜禽粪40%，甘蔗渣30%。

配方七　鸡粪50%，森林灰棕土50%。

配方八　有机堆肥50%，森林灰棕土50%。

配方九　鸡粪35%，木屑30%，稻谷壳35%。

配方十　猪粪30%，蘑菇渣70%。

在有造纸厂污泥排放的地方，采用下列配方调制基料更为经济实惠。

配方一　含水率85%的造纸污泥80%，干牛粪20%。

配方二　造纸污泥40%，乳酸饮料厂活性污泥40%，木屑20%。

配方三　造纸污泥71%，纤维废品8%，锯木屑与干牛粪的混合物21%。

配方四　造纸污泥50%，牛瘤胃残渣30%，木屑20%。

采用上述配方调制基料时，可以就地取材利用水果皮屑、蔬菜烂叶、米糠、家禽饲料或牧草等调制成添加料，效果甚佳。

不论采用何种配方合成的基料，经过充分发酵腐熟后，要求达到“松、爽、肥、净”。“松”，即松散，不结成硬团，抓之成团，掷地即散。“爽”，即清爽，不粘连，不呈稀糊状，无腐臭味，一倾即下，一耙即平，pH值为6～7。“肥”，即养分肥沃，含粗蛋白质10%以上，粗脂肪2%以上，还含有多种矿物质、维生素。“净”，即干净，无病毒、病菌、瘿蚊、霉虫等病原体及生料、杂物。

（4）基料的制作：无论是基料还是添加料，堆沤发酵前必须进行加工处理，以提高发酵质量。植物类饲料如杂草、树叶、稻草、麦秸、玉米秆、高粱秆等，须铡切成1厘米长的小段；蔬菜、瓜果、屠宰场下脚料等，要剁成小块，以利蚯蚓采食。生活垃圾等有机物，须剔除砖石、碎瓦、橡胶、塑料、金属、玻璃等废物以及对蚯蚓有毒害作用的物质，然后加以粉碎，以能通过4目筛为宜，其中能通过18目筛的粉料不超过20%，以保证基料的通透性。

①饲料堆沤的操作方法：饲料的沤制发酵通常采用堆积方式，既便于操作，又利于升温、保温和防雨。料堆的形状和大小，因地区、天气而异。干燥季节，堆成平顶稍呈龟背状即可。在多雨季节，宜堆成圆顶形。大规模养殖场，多采用长条形料堆，底部利用木条或竹竿搭成三角形通气管，以解决堆料底部空气闭塞问题。如天气干燥，料堆横截面为梯形；多雨季节，则采用半圆形横截面，以利雨水从料堆顶部

顺畅排泄。

料堆的高度为1.2～1.8米，底部有通气管道的，可增至1.9～2.7米。如料堆过高，不便于翻动操作，还会因其自重偏大使其中孔隙率减少，形成缺氧的不良状态；如料堆太低，则热量容易散发，难以形成足够的高温，不能杀灭病菌、虫卵及杂草种子。无论料堆的形状如何，其重量均不得少于400千克。

料堆由草料、粪料组成，另加适量泥土。草料层厚6～9厘米，粪料层厚3～6厘米。每铺1层草料，上面铺1层粪料。如此交错铺放3～5层后，在顶部浇淋清水，直至料堆底部有水渗出。然后继续交替铺放草料、粪料3～5层，再浇水，直铺至预定高度。料堆顶部用塑料薄膜、苇帘、草帘、杂草、麦秸或稻草覆盖，以利保温、防止堆内水分蒸发和雨水灌入。

如果天气温暖，堆料后第二天，堆内温度会逐渐上升，表明已开始发酵。7天后，料堆中的有机物加速分解、发酵，早、晚时分可见料堆顶部冒出“白烟”。料堆内部温度升至最高值之后，便逐渐降温，当料堆内部温度降至50℃时，进行第一次翻堆操作。

翻堆的目的是改善料堆内部的通气状况，彻底排出缺氧条件下产生的有害气体，调节料堆水分，促进微生物生长、繁殖，让料堆各部分发酵均匀一致，最终获得全部充分腐熟的合格饲料。翻堆操作时，应把料堆下部的饲料翻到上部，四边的饲料翻到中间，把草料、粪料充分抖松、拌匀。

翻堆时，要酌情淋足水分，要求翻堆之后料堆四周有少量水流出；用手捏饲料，以指缝间能挤出3～4滴水为宜。如发现料堆养分不足，可用猪尿、牛尿代替清水浇淋。

第一次翻堆后1～2天，料堆温度急剧上升，可达75℃以上。6～7天之后，料温开始下降。这时可进行第二次翻堆，并将料堆宽度缩小20%～30%。由于粪草经过初步发酵，部分腐熟，容易吸收水分，乍看去似乎湿度不够，此时切勿加水过多（只须加至用手紧捏饲料，指缝能挤出2～3滴水即可），否则容易造成饲料变黑、变黏、变臭，且料堆温度上不去。第二次翻堆前后，由于粪草养分已部分分解，要注意妥善覆盖，严防雨水侵入料堆，造成养分流失。

第二次翻堆之后，料温可维持在70～75℃。5～6天后，料温下降，需要进行第三次翻堆，并将料堆宽度再缩小20%。

这时粪草已进一步熟化，草质变软，粪料与草料已拌匀。翻难时，尽量把粪草抖开呈疏松状态。如果发现水分偏少（用手紧捏饲料，指缝未见水滴溢出），则适当浇淋清水，不再浇猪尿、牛尿，以免作基料时氨气太浓，不利于蚯蚓摄食。如果料堆水分偏多（用手紧捏饲料，指缝溢水4～5滴），应选择晴天翻难，尽量摊晾粪草，以减少水分。

第三次翻堆后4～5天，进行最后一次翻堆，不再浇水，把粪草进一步抖松、拌匀即可。

按照上述方法实施，正常情况下1个月便可完成粪草堆沤发酵过程，获得充分腐熟的蚯蚓饲料。

②质量鉴定：堆沤腐熟的粪草呈黑褐色或咖啡色，无异味，质地松软，不黏滞，即为发酵良好的合格饲料。必要时，可以采用下列方法做进一步的严格鉴定。

Ⅰ.酸碱度测定法（2种方法可任选1种进行测试）

a.石蕊试纸测试法：称取待测的粪草样品5克，加入冷开水10毫升，搅匀，澄清。用pH值范围为5.5～8的市售石蕊试纸，蘸上澄清液，观察比较，即可知其pH值。

b.混合指示剂比色法：该剂的配制方法是称取溴甲酚绿、溴甲酚紫、溴甲酚红各0.25克，置于研钵中研成细末，放入小烧杯中，加入0.1%氢氧化钠15毫升，再加蒸馏水5毫升，搅匀，倒入定量瓶中，稀释至1000毫升，摇匀，贮于棕色小口瓶中。称取待测样品0.5克，捣碎，置于白瓷比色盘中，加入上述混合指示剂数滴，至样品全部湿润并流出少许液体为止。将比色盘反复倾斜，使样品与指示剂充分接触、混匀。静止1分钟，将比色盘稍微倾斜，使指示液流向盘槽一边，与标准比色卡对照，即可准确测定样品的pH值。如没有比色卡，可根据指示液的颜色来判断其pH值。如呈黄色，pH为4；绿色，pH为4.3；黄绿色，pH为5；草绿色，pH为5.5；灰棕色，pH为6；灰蓝色，pH为6.5；蓝紫色，pH为7；紫色，pH值为8。

不论采用哪种方法，如测定饲料样品的pH为6～7，表明其酸碱度适宜，否则必须加以调节。当pH超过7.5时，可利用醋酸作为缓冲剂，添加量为饲料总重的0.01%～1%，不得超过1%，否则会影响蚯蚓的产茧能力。当pH小于6时，可加入饲料总重0.01%～0.5%的磷酸氢二铵，使饲料的pH值调整为6～7。

Ⅱ.生物鉴定法：经感官鉴定认为粪草发酵合格后，取少量粪草堆放于饲养盆中，投入成年蚯蚓200条。如半小时内全部蚯蚓进入正常栖息状态，48小时内无逃逸、无骚动、无死亡，表明这批饲料堆沤合格，可以用于饲养蚯蚓。

③注意事项：在堆料发酵过程中，由于环境条件限制或操作不当等，可能出现下列不正常情况，应及时采取有效措施予以纠正。

Ⅰ.高温天气，料堆干燥，耐高温的放线菌繁殖过于旺盛，会造成粪草养分的无谓消耗。故翻堆时应适当浇水，保证粪草有足够的含水率。

Ⅱ.如料堆宽度不足，加上草料偏多，堆得过于松散，经过风吹日晒，粪草水分迅速蒸发，造成微生物繁殖率低，料堆升温缓慢。为此，应加大料堆宽度，将草料拍压紧实，加足水分，便可使发酵转为正常。

Ⅲ.粪料偏多，料堆拍压太紧，透气不良，导致厌氧发酵，升温缓慢，容易形成不良气体，使部分粪草变黑、变黏、变臭。应在翻堆时，将料堆宽度适当缩小，把粪草抖松，增加透气性，便可恢复正常发酵。另一个有效措施是，翻堆成型时将老干木棍或毛竹插入料堆深处，然后轻轻拔出，使料堆内部形成若干通气洞，有助于消除厌氧发酵状态。

2. 添加料的配制

蚯蚓的添加料实际上是对基料中营养物质的补充，通过添加一些饲料，达到蚯蚓繁殖更多、生长更快、产量更高、寿命更长的目的。

（1）满足基础代谢能的直接途径

①更换基料：更换基料以补充基料中蛋白质的消耗。虽然这种办法比较麻烦，而且劳动强度也比较大，但在没有补充饲料的前提下，也只能采取此下策。

②投喂饲料：满足蚯蚓对基础代谢能的需要，除了可以

直接从基料中获取外，还可以从投喂饲料，使蚯蚓获得基础代谢能。通过投喂饲料，可以使基料从投入幼蚯蚓，直至采收成蚯蚓连续使用不更换。

（2）饲料的配制要求

①幼蚯蚓、种蚯蚓饲料的配制要求：幼蚯蚓的消化系统还比较脆弱，其砂囊筋肉质厚壁还没有完全形成，不具有磨碎食物的能力。种蚯蚓由于担负着繁殖的重任，其采食量也会增加，因此其饲料和幼蚯蚓基本相同，总体要求是：饲料要细腻，一般在30～40目；经过严格发酵后绵软，无硬颗粒；可塑性较强，而不粘连；不腐不臭，无其他异味。

②中蚯蚓、成蚯蚓饲料的配制要求：中、成蚯蚓的饲料配制相对幼、种蚯蚓的饲料配制要粗放一些，只要食而不剩，余而不腐即可。总体要求是：细度可掌握在20～30目，不腐不臭，无较大颗料即可。

（3）饲料配制中的原料选择：由于基料中存在蚯蚓生长繁殖所需的营养物质，但是随着饲养时间的增长，基料中的营养物质已不能适应蚯蚓生长繁殖所需的营养，尤其在成蚓的后期育肥阶段，补充饲料就显得更加重要。补充的饲料主要分为以下几大类：

①植物性原料：谷物类的能量饲料如大米、小麦、高粱、玉米、黍子等，其营养特点是：高能量、低蛋白质。干物质中粗蛋白质含量低于20%，粗纤维低于18%，无氧浸出物高于60%，而且维生素、矿物质的含量也较低。作为全价营养饲料有明显的不足，可作为蚯蚓育肥期的重要饲料。

豆类饲料如大豆、红豆、绿豆等，其营养特点是：高蛋白质、高脂肪、高糖类。以大豆为例，其蛋白质可以达到

41.2%，脂肪达到20%，糖类达到28%，因此在配备蚯蚓全价营养饲料时，豆类饲料是比较理想的首选饲料。同时大豆还含有丰富的矿物质和维生素，经测定，大豆中钙的含量是小麦的15倍，磷的含量是小麦的7倍，铁的含量是小麦的10倍；维生素B的含量是小麦的110倍，其中维生素B_2的含量是小麦的9倍。

饼粕类饲料如豆饼、豆粕、花生饼、芝麻饼、棉籽饼、菜籽饼等，其营养特点是：高蛋白质、低脂肪。如豆饼的蛋白质含量在42%，而脂肪含量只有4%；花生饼的蛋白质含量39%，而脂肪含量只有9%；棉籽饼的蛋白质含量28%，而脂肪含量只有4%；菜籽饼的蛋白质含量31%，而脂肪含量只有8%。因此，饼粕类饲料是幼、种蚯蚓的最佳饲料。

②动物性原料：动物性原料如宰杀场废水、淤泥、肠动膜、肉皮洗刷水、鱼肠、虾糠、饭店潲水等，其营养特点是：可增强动物性蛋白质的亲和性和适口性。动物性原料的蛋白质含量也比较高，如血粉的蛋白质含量为84%，而脂肪含量只有0.6%；骨肉粉的蛋白质含量为30%。因此，动物性原料运用得当，会收到明显的效果。

③矿物质原料和维生素原料：矿物质和维生素是蚯蚓体内组织和细胞中不可缺少的重要成分，在蚯蚓的代谢以及生长繁殖中都起重要作用，因此在饲料配制时要注意添加微量元素和维生素。

（4）添加料的配制：蚯蚓的食性广泛，凡是天然有机物，只要无毒性，酸碱度适宜（pH为6～7），含盐量不高，并且能在微生物作用下分解的，均可作为饲料。从来源上讲，可以分为动物性饲料和植物性饲料2大类。按照营养成分则分为碳素饲料和氮素饲料2大类，前者是指植物的茎、叶、根、皮壳、木屑等，后者是蛋白质含量高的动物残体、畜禽粪便、豆科植物和粮油加工下脚料等。

①幼蚓及种蚓阶段

配方一 豆饼5%，豆腐渣40%，棉籽饼10%，大豆粉5%，次面粉10%，麦麸20%，肉骨粉10%。另按混合料总量添加复合氨基酸0.2%，复合矿物质0.08%，复合维生素0.4%。

配方二 发酵鸡粪30%，残羹沉渣25%，菜籽饼18%，豆渣17%，次面粉8%，鱼粉2%。另按混合料总量添加糖渣15%，米酒曲0.4%，复合维生素0.3%，复合矿物质、复合氨基酸各0.1%。

以上两个配方所含粗蛋白质均达16.2%，制作时，先将原料粉碎至细度16目，混匀，加入米酒曲粉末，加水拌至含水率达40%～50%，以手捏能成团、掷地即散为宜。将混合物置于20～26℃温度下发酵24～36小时，直到有酒香气逸出为止。最后将3种复合添加剂以水拌成稀糊状，与主体混合料拌匀即成。

②中蚓（1～2月龄）阶段

配方一 发酵鸡粪40%，红薯粉20%，棉籽饼、菜籽饼、米糠各10%，酒糟8%，鱼骨粉2%。另按混合料总量添加糖渣（或蔗糖）15%，复合氨基酸0.15%，复合矿物质0.05%，复合维生素0.2%。

配方二 酒糟30%，废肠黏膜、米糠各20%，潲水沉渣15%，玉米粉5%，芝麻饼10%。另按混合料总量添加米酒曲0.4%，复合氨基酸、复合维生素各0.2%，复合矿物质

0.08%。

中蚓添加料的制作方法与幼蚓大致相同。

③成蚓阶段

配方一　发酵鸡粪50%，酒糟27%，米糠10%，菜籽饼、大豆粉各5%，鱼粉3%。另按混合料总量添加米酒曲0.3%，复合氨基酸0.15%，复合矿物质0.18%，复合维生素0.2%。

配方二　酒糟50%，棉籽饼、次面粉、玉米粉各10%，蚕豆粉、潲水沉渣、肉骨粉各5%，蚕蛹粉3%，鱼粉2%。另按混合料总量添加米酒曲0.25%，复合矿物质、复合维生素各0.1%。

配方三　发酵鸽粪50%，糖渣30%，果皮、棉籽饼各10%。另按混合料总量添加复合氨基酸0.15%，复合矿物质0.18%，复合维生素0.1%。

配方四　废鱼下脚料20%，豆腐渣60%，米糠8%，次面粉10%，残羹沉渣2%。另按混合料总量添加复合氨基酸、复合矿物质各0.18%，复合维生素0.08%。

配方五　潲水沉渣60%，豆腐渣20%，草籽饼10%，次面粉4%，鱼粉5%，蔗糖1%。另按混合料总量添加复合氨基酸0.2%，复合矿物质0.18%，复合维生素0.08%。

成蚓添加料，除配方一、配方二与幼蚓添加料的制法相同外，其余4则配方均可现配现用，最好先加适量清水，静置48小时，经搅拌充分释放气泡之后使用。

（5）注意事项

①配合饲料所含的营养成分及数量，必须充分满足蚯蚓在不同生长发育阶段的营养需求。

②配合饲料的碳氮比，必须满足不同种类蚯蚓的需求。

通常要求把碳氮比调节为10～20。为此，可利用畜禽粪与植物类饲料合理配合，如有条件，畜禽粪可占60%～80%，其余为禾草类、糠麸类或糟粕类饲料，便可基本满足蚯蚓对碳氮比的要求。如饲养本地野生环毛蚓，则宜另加10%～20%的肥沃土壤，其中富含有机质。

③配合饲料的种类不必太多，通常由2～3种饲料组成即可。

④尽量因地制宜选用来源广泛、价格低廉的大宗饲料。

⑤下列原料不可采用：发霉变质的，有毒的，有刺的；被农药严重污染的，因消毒环境而严重污染的；经酸化或絮化处理的，碱性过强的。如发现某些饲料出现陈腐迹象，可采用以下方法予以挽救：在该饲料中均匀喷洒、拌入浓度为0.05%的市售801生物活性剂。据试验，应用此剂可以提高饲料综合效益20%。

三、蚯蚓的饲养与管理

蚯蚓的繁殖一般为有性繁殖和无性繁殖两种形式，但大多数品种的蚯蚓都是有性繁殖，并且雌雄同体进行异体交配受精，也有少数品种的蚯蚓进行体内自我受精，还有的蚯蚓品种不经过受精而繁殖，被称为孤雌繁殖。下面将重点介绍异体交配受精的有性繁殖的蚯蚓品种。

（一）引入种源

种蚯蚓来源的途径比较多，但要实现蚯蚓的高产、高效养殖目的，首先应选择适合本地条件的优良种苗。

1. 蚓种选择

适合养殖的蚯蚓，首先应当符合饲养目的和当地环境条件。用于充当经济动物蛋白质饲料的，应选择富含蛋白质，且生长快、繁殖力强的蚓种，如赤子爱胜蚓、参环毛蚓、亚洲环毛蚓、背暗异唇蚓，太平2号是其中的良种。从环境条件来看，应根据当地的土壤土质和酸碱度、温度、湿度等条件，选择适宜的养殖品种。例如，地下水位高的地方，或江河湖泊、沼泽的潮湿土壤，土壤呈酸性（pH为3.7～4.7）的地区，宜养殖微小双胞蚓和枝蚓属蚯蚓。地下水位低的干旱地方，可选择耐旱的杜拉蚓、直隶环毛蚓。在沙质土地区，可饲养喜沙栖的环毛蚓。气候较寒冷的北方地区，耐寒的北星2号蚯蚓是值得选用的养殖对象。

2. 引种

（1）从蚯蚓养殖基地采购：目前比较适合各地养殖的品种比较多，但引进的太平2号、北星2号，以其体型小、色泽红润。生长快、繁殖力强而著称；其次还有各地选育的优良品种。选种时最好到有实力、信誉好、技术和管理比较完善的单位选购。

（2）从本地野生蚯蚓中选育：从本地野生蚯蚓中选育种蚯蚓，一方面可以获得廉价的蚯蚓种源，省去了外地采购种蚯蚓的开支；另一方面由于是从本地选种，种蚯蚓很快适应环境，减少了从外地引种蚯蚓的死亡数量，可较大程度地提高种蚯蚓的成活率。从本地野生蚯蚓中选育应注意以下几个方面。

①注意繁殖率：有些品种的蚯蚓虽然适应能力比较强，但繁殖能力较低，而人工养殖蚯蚓，要的是产量，繁殖率低

其产量就很难满足，经济效益低下，这样养殖的意义就不大。

②注意疾病：首先应选育健康的蚯蚓作为种蚯蚓，而对身体无光泽，爬行不活跃，不爱觅食等蚯蚓，则不应作为种蚯蚓养殖。

种蚯蚓的采集是在保证成活率的基础上，最大限度地减少种蚯蚓的体外损伤。野外采种时间，北方地区6～9月份，南方地区4～5月份和9～10月份。选择阴雨天采集，蚯蚓喜欢生活在阴暗、潮湿、腐殖质较丰富的疏松土质中。野外采集蚯蚓种方法有以下几种。

（1）扒蚯蚓洞：直接扒蚯蚓洞采集。

（2）水驱法：田间植物收获后，即可灌水驱出蚯蚓；或在雨天早晨，大量蚯蚓爬出地面时，组织力量，突击采收。

（3）甜食诱捕法：利用蚯蚓爱吃甜料的特性，在采收前，在蚯蚓经常出没的地方放置蚯蚓喜爱的食物，如腐烂的水果等，待蚯蚓聚集在烂水果里，即可取出蚯蚓。

（4）红光夜捕法：利用蚯蚓在夜间爬到地表采食和活动的习性，在凌晨3～4 点钟，携带红灯或弱光的电筒，在田间进行采集。

（5）粪料引诱法

①选择场地：操作场地一定要选择在野生蚯蚓资源丰富的地方，且这些野生蚯蚓品种是喜欢动物粪便的蚯蚓，如威毛环廉蚓、赤子爱胜蚓等，像自留地、河滩边、无水田地里、田地基边、竹林、树阴下等。确定是否野生蚯蚓丰富的简单方法是：用耙往你需要查看的地方挖下去30厘米，在5千克的土壤中起码有10条以上的中大个体的野生蚯蚓，就可

以实施采集。

②调制引诱粪料：最好的粪是牛、马粪，其次是猪粪（垫草的粪，如果是纯猪粪，需要加入40%的草料或农贸市场的有机垃圾），每吨粪先用5千克有益微生物菌群（简称EM，市场有售）进行充分发酵合格20天左右。检测方法为：一是看粪的色泽，发酵完成的粪应该呈深棕黄色，草料腐烂，无粪臭味；二是检测pH值，粪发酵完成调制后的pH要在8以下才能使用；三是直接用蚯蚓做实验，取几条蚯蚓放在发酵调制完成的粪堆上，合格的粪料蚯蚓应该是很温顺地往里面钻，且在24小时中都不会爬出；不合格或接近合格的粪料把蚯蚓放在粪料上后，蚯蚓就会把头左右摆动，不愿钻入粪料中，或者钻入粪料中后在几个小时后又钻出来。这种情况就要把粪料再重新发酵1次才能使用。在每吨粪中加入800千克的菜园土，混匀。并把3千克尿素、5克糖精、15毫升菠萝香精、0.5千克醋精倒进150千克干净的水中，溶解后均匀地泼入粪堆中。把粪再堆起来再发酵1星期，调制完成备用。

③开挖收集坑：在野生蚯蚓十分丰富的地方挖宽1米、长无限（根据环境位置而定）、深0.5米的1个或多个坑。挖坑时如果发现坑内有水渗出或积水，就不能使用。

④填料：先在坑底铺一层5厘米厚的菜园黑土，接着在黑土上铺40厘米厚的发酵调制好的粪料，最后再在粪料上加一层5厘米厚的菜园黑土。

填铺完后，需要在粪堆上盖上一层10厘米厚的稻草或草垫。如果是夏天，在稻草或草垫上用遮阳网进行遮阳；如果是冬季，在稻草或草垫上用农膜进行防寒。盖完稻草或草垫后马上淋1次水，最好是洗米水或酒糟水（1千克酒糟兑8千克水），以后夏天每3天、冬季每7天淋1次洗米水或酒糟水，防止鸡等动物进行破坏和积水。北方地区要加厚覆盖草料和农膜（要在天冷前做好，野生蚯蚓会选择这里进行越冬）。

⑤采收：第一次采收是在放料后的第20～30天。先检查里面的蚯蚓是否有很多，如果里面没有蚯蚓，说明粪料有问题，如果里面只有极少量的蚯蚓，说明蚯蚓才刚刚开始进入，需要过一段时间后再采收。发现里面有较多的蚯蚓后，就可以收取。收取时，先把一堆或几堆分成15段来收取，每天收取一段，15天为一个循环周期。收取的方法是用耙子挖，取大留小，每取完一段，要把稻草或草垫重新覆盖好，并当天淋一次洗米水或酒糟水；第二天取第二段……

根据当地的野生蚯蚓资源情况不一，产量悬殊较大，一般每平方米面积月收获在5～15千克。成本极低，利用完的粪料又用来种植庄稼，没有浪费。

3. 蚓种处理

无论是野外采集的蚯蚓种还是外地直接引种，都要经过药物处理、隔离饲养和选优去劣。

（1）药物处理：用1%～2%福尔马林溶液喷洒在蚯蚓种体上，5小时后再喷洒一遍清水。

（2）隔离饲养：将药物处理过的蚯蚓种放入单独的器具中饲养，经过1周的饲养观察，确认无病态现象，才放入饲养室或饲养架内饲养。

（3）选优去劣：挑选个体体型大，健壮，活泼，生活适应性强，生长快，产卵率高的蚯蚓作为优种单独饲养。

4. 注意事项

不论是引种或引种驯化，都要注意以下事项。

（1）做好充分的调查研究，必要时开展养殖试验，取得可靠结论，选择能够全面适应本地环境条件的优良品种。

（2）事先对外来品种做检疫、查验工作，以确保蚓种质量，防止病虫害传入本地。

（3）对于供种方应作必要的调查咨询，如该批种蚓是否出现退化，是否经过提纯复壮，供种方是否拥有可靠的配套养殖技术，能否提供良好的售后服务，甚至连包装容器能否经得起长途运输等细节也应加以核实。

（4）大批量引种时，最好向国家科研单位或信誉度高的大型蚯蚓繁殖场洽购，不要同社会上五花八门的“信息部”、“种苗公司”打交道，以免受骗。

（二）放养繁殖

1. 繁殖过程

蚯蚓性成熟后，大多为异体交配，配偶双方相互受精。在交配过程中或交配后，精卵在黏液管内受精成熟后，蚯蚓退出黏液管留在土壤中，两端封闭，形成卵茧。

蚯蚓一般喜欢将蚓茧产于堆集肥土处，而背暗异唇蚓则将蚓茧产于潮湿的土壤表层。因此在人工养殖不同种类的蚯蚓时，要人为地为蚯蚓创造一个适宜产茧的环境。

蚓茧的颜色是随着蚓茧的产出时间增长而改变的。刚生产的蚓茧多为苍白色、淡黄色，随后逐渐变成黄色、淡绿色或淡棕色，最后变成暗褐色或紫红色、橄榄绿色。

不同种类的蚯蚓，其蚓茧内含卵量也不尽相同，环毛蚓的蚓茧内多数含1个卵，少数含有2～3个卵；赤子爱胜蚓的蚓茧内多数含有3～7个卵，有个别的蚓茧内只有1个卵，而最多的可达20个卵。不同种类的蚯蚓产蚓茧量也不同，另外还受自然环境、营养条件等的影响较大。在条件适宜时全年可交配、产茧。

蚓茧虽有一定的适应能力，但温度过高或过低以及湿度过大或过小都会使蚓茧内的受精卵死亡，而形成无效蚓茧。

2. 蚓苗的孵化

收集蚓茧，及时转入孵化床和精心培育幼蚓，是蚯蚓饲养管理的重要环节，也是扩大蚯蚓群体繁殖效果的有力保证。

（1）蚓茧孵化条件

①温度：温度是影响蚓茧孵化效果的决定性因素之一，直接关系到孵化时间、孵化率和出壳率。以赤子爱胜蚓为例，环境温度为10℃时，需要65天才能孵出幼蚓；温度15℃时，仅需31天，孵化率为92%，平均每枚蚓茧可孵出幼蚓5.8条；温度20℃时，19天可孵出幼蚓；温度25℃时，17天孵出幼蚓；温度32℃时，仅需要11天便可孵出幼蚓，但孵化率下降至45%，平均每枚蚓茧仅孵出2.2条幼蚓。可见温度越高，孵化所需的时间越短，但孵化率、出壳率相应下降。蚓茧孵化的最佳温度为20℃，幼蚓出壳后应立即转入25～32℃环境中饲养。

当温度降至8℃时，蚓茧便停止孵化，故8℃被称为基础温度，8℃以上为有效温度。蚓茧积温（指每天扣除8℃以下的无效温度后逐日积累有效温度的总和）达到235℃时，便能孵出幼蚓。为了提高孵化率，缩短孵化时间，应在孵化初期将环境温度控制为15℃，以后定期升高2～4℃，直至27℃止。

②湿度：孵化床的含水率为33%～37%，床面覆盖稻草。夏季每隔3～4天浇水1次，冬季每7天浇水1次。水滴宜细小而均匀，随浇随干，不可有积水。

③通气：孵化前期，蚓茧需氧量不多；中后期，必须通过茧壳的气孔进行气体交换，故供氧日益重要。为此，前期采用原料埋茧，中后期改为薄料，以增加空气通透性，有利于提高孵化效果。

④光照：在蚓茧孵化后期，当积温达到190～215℃时，分别给予2次阳光照射，每次5～8分钟，可以激化胚胎，使幼蚓出壳早，整齐一致。

（2）蚓茧收集：向种蚓饲养床投放添加料养殖3～4个月后，基料表面已经基本粪化，其中含有大量有待孵化的蚓茧。为了做好蚯蚓繁殖工作以扩大种群，必须及时收集蚓茧并做好孵化工作。每年3～7月份和9～11月份是繁殖旺季，每隔5～7天，从种蚓饲养床刮取蚓粪和其中的蚓茧。

为了将蚓茧与蚓粪进行分离，可采用下列操作方法。

①网筛法：将从饲养床表面逐层刮取的蚓粪与蚓茧的混合物，一并倒入底部网眼规格为1.2厘米×1.2厘米的大木框中，在阳光或灯光照射下，驱使成蚓钻入下层，通过网眼跌入底部收集容器中；而将上部的蚓粪、蚓茧混合物用刮板刮入运料斗车中，移送至孵化设施。30～40天后，蚓茧全部孵化，幼蚓长大但尚未性成熟，继续采用上述网筛法，将幼蚓与蚓粪分离。幼蚓转入新的饲养床，蚓粪经过摊晾、风干、检验、包装，作为商品肥料售给果园、花卉种植者。

②料诱法：当种蚓饲养床的基料基本粪化后，停止在表面投料，改在饲养床两侧加料。于是床内蚯蚓被诱至两侧新料中采食。待旧料中的蚯蚓尚存很少时，将旧料连同大量蚓粪、蚓茧全部铲走、清除，移送至孵化床。待幼蚓孵出后，投放至下层新饲料中，将上层蚓粪用刮板刮取，经风干、过筛、包装即为商品肥料。

③刮粪法：这是最简便的方法，即采用阳光或灯光照射，驱使畏光的蚯蚓潜入饲养床深处。然后用刮板将上部蚓粪连同蚓茧一并刮取，转入孵化床孵育幼蚓。再按同样方法将幼蚓与蚓粪分离。

（3）幼蚓孵化：按以上方法收集蚓茧后，采用以下措施进行孵化、培育。

①床式孵化法：将收集的蚓茧连同少许蚓粪移至孵化床，铺开、摊平，每平方米蚓茧密度以4万～5万枚为宜。孵化床长度不限，宽度30～40厘米，两床之间开设条状沟，沟宽8～10厘米，沟中铺放蚯蚓嗜食的细碎饲料，作为幼蚓的基料和诱集物。孵化床表面覆盖草帘或塑料薄膜，以利床面保温、保湿。孵化过程中，用小铲轻轻翻动蚓茧、蚓粪1～2次，条状沟内的基料则不必翻动，浇淋适量水，使之与较平的床面形成一定的湿度差，利用蚯蚓喜湿怕干的习性，诱集刚孵出的幼蚓尽快进入基料沟内而与床面蚓粪分离。

②堆式孵化法：如果场地有限或缺乏摊晾分离条件，可采用此法。选择阴凉、潮湿、无光照的场地，开好排水沟，地面铺放塑料薄膜。将蚓茧连同蚓粪堆积于薄膜上呈馒头状，每堆高30厘米，埋设1个竹篾或铁丝网编成的幼蚓诱集笼，其中放置蚯蚓嗜食的烂水果、烂香蕉之类香甜诱料。如

果堆得较高，为了通风透气，可在堆中插入若干个竹筒（打通竹节，筒身钻有多个孔眼）。

在18～28℃温度条件下，40天后可从诱集笼中获得大量刚孵出的幼蚓。如发现孵化床中尚有少量幼蚓，再埋入诱集笼，5～7天后取出，诱集率可达95%。

③盆、钵孵化法：经过人工拾拣或网筛处理所得的蚓茧含蚓粪等杂质较少，可采用此法。先在小型盆、钵中放入已发酵腐熟、含水率为60%的基料，厚度10厘米。然后将日龄相近的蚓茧均匀地摊铺于基料上面，蚓茧上覆盖5毫米厚的细土，表面盖一层卫生纸，喷水淋湿纸面。将盆、钵移置于阴暗的室内，保持室温20～30℃，每天洒水保湿。15天后即可孵出成批幼蚓，转入饲养床培育。据试验，采用此法可使蚓茧孵化率提高20%～30%，平均每枚蚓茧孵出幼蚓3.8条，比常规的自然孵化法（平均2.5条）提高52%。

（4）幼蚓培育：饲养前期，幼蚓体小，放养密度为每平方米4万～5万条。基料厚度为8～10厘米，力求营养丰富、品质细软、疏松透气，以利幼蚓消化吸收。当基料表层大部分粪化时，及时清除蚓粪，将饲养床成倍扩大，以降低密度。同时补充添加料，其湿度通过经常洒水保持为60%。每隔7天耙松基料1次，隔10～15天清粪、补料1次，补料宜采用下投法。

饲养后期，是指1月龄幼蚓的饲养管理。这期间幼蚓生长迅速，活力增强，需要供给大量养分和空气。为此，应增加清粪、补料、翻床次数。基料厚度增为15厘米，每隔7～10天清粪、补料、翻床1次，方法同上。20日龄时，酌情降低养殖密度，每平方米有幼蚓2.5万～3万条即可。

（三）日常饲养与管理

养殖蚯蚓必须熟悉和了解蚯蚓的生物学特性，包括蚯蚓的生活习性、生长发育和繁殖习性等特点，而且根据其养殖规模和养殖方式进行日常管理。

1. 基料的铺设

（1）养殖池的铺设

①孵化池的铺设：首先用“消毒灵”对全地四周进行喷洒消毒处理，24小时后再用清水冲洗一次，待池壁风干具有一定吸水性时，于池的四周再喷一遍500倍液的“益生素”；最后进行分层铺设基料。基料铺设完成以后，可将待孵化的蚯茧置于孵化池内，即可进行孵化。

②产茧池的铺设：产茧池不宜太厚，除按孵化池的铺设进行消毒处理外，还应对上层2厘米的厚度进行特殊处理，用浓度为1000倍液的“益生素”喷施后，加盖轻质泡沫板，以保证上面表层不受风吹日晒，稳定基料的相对湿度。

③中、成蚯蚓池的铺设：由于中、成蚯蚓生长旺盛，人工养殖的密度也比较大，基料铺设的厚度比较深（在30～50厘米），因此在铺设基料时要进行特别处理：首先应按孵化池的铺设标准，对全池进行消毒；其次要设置通气孔，通气孔可用直径为10厘米的竹筒、塑料管，在体壁上钻孔洞代替，夏季每平方米可设置3个，春、秋季节可设置1个，冬季可不用通气孔；再次要铺设垫层和中间层，垫层应将较粗大的禾、茎秆，如玉米秆、高粱秆、大豆、花生等韧性比较好的农作物秸秆铺于池底，厚度为3厘米左右，人工用脚踏实。在底层上面铺一层旧报纸即可铺设基料了，在铺设基料

时要拌入0.5%的增氧剂。最后铺设表层，表层的处理和产茧池的表层处理基本相同，但要注意通气孔直立，防止倒斜。

④幼蚓池的铺设：幼蚓池也可以和孵化池合并在一起，除按中、成蚯蚓池的铺设以外，由于幼蚓比较小，上下活动比较困难，因此还应在基料中间设置圆锥形投料管，一般0.5平方米设置1个。投料管可以制作成下面大（直径可以在20～30厘米），上面小（直径可以在5～10厘米）。投料管可以专门制作，也可以用柳条、荆条人工编制。

2. 环境控制

养殖池内的生态环境受多方面的影响，如四季气候的变化、局部环境的影响等，因此在实际生产中应区别对待。

（1）投放密度：种蚓放养密度是否合适，直接关系到成蚓产量和经济效益。种蚓的投放量，取决于蚯蚓品种、基料营养状况和管理水平。体形小的种蚓，投放数量较大。当基料厚度为20～30厘米时，太平2号、北星2号体形较小，每平方米饲养床可放养5000条；威廉环毛蚓，宜投放800～1000条；参环毛蚓体形更大，仅可放养150～200条。若以重量计算，则不论哪种蚯蚓，每平方米宜放养种蚓25千克。饲养2个月，当蚓体总重增至投种量的6倍时，就应采收或分离养殖，以免密度过大而降低养殖效果。

在集约化养殖情况下，往往从投放幼蚓直至采收均不用添加饲料。在这种情况下，可按下列公式简化计算幼蚓的投放量。

幼蚓投放量=基料重量÷（每条成蚓日采食量×饲养周期）

例如，使用1吨基料，要求成蚓体重达到0.5克时采收，饲养期定为60天，蚯蚓日采食量等于其体重，则幼蚓投放量为：

1 000 000克÷（0.5克／天×条×60天）=33 333条

种蚓投放量还与饲养目的有关。如果以繁殖幼蚓为目的，放养密度可大些。如赤子爱胜蚓1日龄幼蚓每平方米可放养4万条，1～1.5月龄减为2万条，1.5月龄以上为1万条。如果以采收商品蚓为目的，则上述幼蚓每平方米宜放养1万条。

（2）温度的控制：温度是直接影响蚯蚓生长发育和产卵状况的重要因素。蚯蚓属变温动物，其生活的最佳温度在20～25℃，因此要使蚯蚓的生存环境达到最佳状态，温度的最佳状态是关键。而我国大部分地区属大陆性气候，即一年四季分明，这样一年四季的温度管理应有所区别。

①春季的温度管理：当气温稳定超过14℃时，可将过冬时覆盖的塑料薄膜撤去，但如果是繁殖种群和孵化期蚓茧温度低于18℃，而生长期的蚯蚓温度低于10℃，则应采取加温补救措施。

Ⅰ. 厩肥加温法：首先在基料上按每平方米挖一个直径为30厘米，深为基料2／3的圆洞；其次将消毒处理的厩肥，如鸡粪、猪粪、牛粪等填入预先挖好的圆洞内，上部覆盖原来的基料；最后观察温度的变化，如果温度上升不到25℃，这说明厩肥发酵不理想，则可以在厩肥中加入米酒曲之类的酵曲协助升温，如果温度升得较高，在60℃以上，则说明加入的厩肥过量，则可清除一部分厩肥，使温度降到蚯蚓所需要的最佳温度状态。

Ⅱ. 红外线加温法：首先将红外线加温器按每平方米一支埋入基料的偏低部分，导线插头能接通电源即可；其次观察温度的变化，如果温度上升较慢，可增加加热器的数量或加大加热器的功率，相反如果温度上升较快、温度较高，则应减少加热器的数量或换成功率较小的加热器；最后要定期对加热器进行检查、维修，发现有问题，如加热器损坏、导线裸露等应及时处理。

②夏季的温度控制：我国的夏季南北温差比较小，温度普遍较高，外界温度超过30℃的时间比较长，因此，夏季应做好防暑降温工作。

Ⅰ. 种植遮荫作物：可以在养殖蚯蚓的基料上方，架设天棚，种植一些藤蔓植物，如葡萄、丝瓜、葫芦、苦瓜、黄瓜等。通过这些藤蔓的枝叶遮挡烈日，为蚯蚓酿造一个清凉舒适的小环境。

Ⅱ. 设置遮阳网：如果没有来得及种植藤蔓类植物或种植失败，则应从市场上购置遮阳网，搭建在棚架上，起到遮阳的作用。

Ⅲ. 适时喷水：如果条件允许，最好在基料上方设置喷水系统。通过喷水和基料中的水分蒸发，也可以起到降温的作用。

③秋季的温度控制：秋季是蚯蚓一年中最佳繁殖季节，也是商品蚯蚓的育肥期，因此抓好秋季管理十分重要。而进入秋季昼夜温差较大，雨水又较多，因此要抓好以下几个环节。

Ⅰ. 及时补充新基料：由于秋季的蚯蚓繁殖和育肥都需要大量的营养物质，除搞好饲料投放外，还应该考虑基料的营养物质，因此应及时分批、分期更换基料，同时更换基料还可以提高基料内的温度，以补充秋季外界温度下降的不足。

Ⅱ. 覆盖保温材料：晚上气温较低时可覆盖农作物秸秆或塑料薄膜增加基料中的温度，白天温度高时可将覆盖物掀开。雨天则应在基料上覆盖塑料薄膜，防止大量的雨水浸入基料中，使基料湿度过大，这对蚯蚓的生长繁殖极为不利。同时还要注意下雨天气的排涝工作。

Ⅲ. 采取增温措施：如果覆盖保温材料达不到蚯蚓生长繁殖所需要的最佳温度，则应采取增温措施。其方法是在基料的上方安装红外线增热器，通过红外线的热辐射作用，使基料内的温度增高。

④冬季的温度控制：冬季的寒冷气候对蚯蚓的生长繁殖极为不利，如果没有采取保护性措施，则应让蚯蚓进入冬眠状态。如果全年生产，则应在日光温室内进行，即使这样，在北方（长城以北地区），地下还应设置加热措施，以保证蚯蚓安全过冬。

Ⅰ. 保种过冬：在严冬到来之前，将个体较大的成蚯蚓提取出来加工利用，留下一部分作种用的蚯蚓坑的培养料合并到一个坑，上面加一层半发酵的饲料，或新料与陈料夹层堆积，调整好温度，加厚覆盖物，挖好排水沟，就可以让它自然过冬，到春天天气转暖时再拆堆养殖。

Ⅱ. 保温过冬：室外保温过冬，利用饲料发酵的热能、地面较深层的地温和太阳能使蚓床温度升高。坑深1米左右、宽1.5米、长5米以上，掘坑的地方与养殖蚯蚓要求的条件是一致的。坑掘好以后，先在坑底垫一层10厘米厚的干草，草上加30厘米厚的畜禽混合粪料，粪便料要求捣碎松散，有条件的地方可在粪料中加一些酒糟渣，含水50%左右。粪上加10厘米厚的干草，干草上铺2条草袋或者麻袋，再投以30厘米含蚯蚓粪的培养料，料上盖一层稻草，草上加10.5厘米厚的发酵烘料，上面再盖好覆盖物，覆盖物上再盖塑料薄膜。晴天中午揭开透气，并让太阳晒暖料床。这样的蚯蚓温床温度可以达20℃以上。1个月以后，原加的半发酵料已被蚯蚓取食一半以上，在上层又加一层半发酵料，取食一半后又加一层。蚯蚓密度太大时，应及时取用或分床。保温好的，一个冬季里可繁殖出两代蚯蚓来，蚓体的生长速度比夏季还略高些。

Ⅲ. 低温生产：砍掉蚓床周围的一切荫蔽物，让太阳从早到晚都能晒到蚓床上；秋天遗留下来的床料不再减薄，逐次加料来增加床的厚度，加料前老床料铲到中央一条，形成长圆锥形，两边加入未发酵的生料，并逐次加水让其缓慢发酵。1个星期后，覆到中央老床土上，蚯蚓开始取食新料后打平。等新料取物减到最薄程度，让太阳能晒到料床上，下午4点钟后再盖上。覆盖物要求下层是10厘米厚的松散稻草或野草，上面用草帘或草袋压紧，再盖薄膜。洒水时，选晴天中午用喷雾器直接喷到料床上，保持覆盖的稻草干燥。提取蚯蚓时，做到晴天取室外床，雨天取室内床。虽然冬天蚯蚓长得慢，却因后备蚯蚓群多，也不会影响冬季成蚯蚓的提取量。

（3）湿度的调节

①含水率的监测：监测基料中的含水率是日常管理中的重要工作。基料的湿度因种类不同其要求基料含水率有所区别，即使相同的基料其不同部位的含水率也不尽相同，不能因片面掩盖整体，造成湿度的失控。因此在具体测定时，

应取基料的上、中、下3部分，分别测出具体数据后，再用加减平均的办法取值。测定的方法比较多，比较精确的数据可用电烤法：取10克基料放入电烤箱中烤干后称重，如还剩下4克，则说明基料的含水率为60%。但是在生产实践中不可能都取出来去烤干，这样就有一个经验测定法：用手抓起来能捏成团，轻轻晃动能散开，其含水率为30%～40%；用手捏成团后，手指缝可见水痕，但无水滴，其含水率为40%～50%；用手捏成团后，手指缝见有积水，有少量滴水，其含水率为50%～60%；用于捏成团后，有断接的水滴，其含水率为60%～70%；用手捏成团后，水滴成线状下滴，其含水率为70%～80%；如果用手抄上来基料，没有手捏就有水滴成线状下滴，其含水率在80%以上。

②基料过湿的处理：造成基料过湿的原因比较多，主要有以下几方面。

Ⅰ.滤水层阻塞：尤其在雨季，雨水冲积基料中的泥水，往往容易阻塞滤水挡板，因此应经常检查、清理。同时还应注意通气筒的清洗工作，保证基料中氧气的含量。

Ⅱ.蚓粪沉积过厚：随着蚯蚓采食基料而排出粪便，大量的粪便沉积后，造成基料松散下降，透气性降低，就容易出现湿度过大或积水现象。

Ⅲ.饲料水分过大：饲料中含水率较高，一方面饲料中的水分直接进入基料中；另一方面蚯蚓采食高水分的饲料后，粪便的水分含量也比较高，造成基料中的水分间接提高。

处理基料中的湿度较大或水分较高的方法比较多，各地应根据情况具体掌握。但最常用的方法就是更换部分基料，同时还要注意饲料中的含水量。

③基料过干的处理：基料中的湿度过大对蚯蚓的生长繁殖不利，而基料过干对蚯蚓的生长繁殖也相当不利。造成基料过干的原因比较多，如空气中湿度较小，基料中的水分蒸发较快等。处理时可采用增加喷水的次数，补充基料中的水分；覆盖农作物秸秆，减少基料中水分的蒸发；借助投喂含水分较多饲料，来增加基料中的水分。

温度和湿度虽然是养殖蚯蚓的2个重要指标，其有一定的内在关系，即温度和湿度的相对平衡。当温度高时，一方面基料的透气性增强，可容纳较多的水分；另一方面基料中的水分蒸发也比较快，因此要加大基料中的水分，提高基料的湿度；相反，当温度低时，一方面基料的透气性降低，可容纳的水分较少；另一方面基料中的水分蒸发较慢，因此要减少基料中的水分，降低基料的湿度。维持好温度和湿度的正比例关系十分重要，高温度、低湿度或低温度、高湿度都会对蚯蚓的生长繁殖造成威胁。

（4）饲料投喂：蚯蚓采食量大，同时排放大量蚓粪。因此，必须及时补充足够的添加料，并清除有碍于养殖环境的蚓粪。这是蚯蚓养殖日常管理工作的一项重要内容。

在农田、果园、花地等野外场地养殖蚯蚓的，可在春耕时结合农作物、果树、花卉施入底肥、翻耕绿肥，在初夏时结合追肥，在秋收、秋耕时结合施肥，将发酵腐熟的粪草与沃土拌和后投放于蚯蚓养殖沟槽中，然后覆盖土壤。

在饲养床养殖蚯蚓，所选用的饲料不同，其饲喂的方法也不尽相同。

①幼蚯蚓的饲喂：幼蚯蚓投喂的饲料，以比较松散而且含水分较小的饲料为主，防止投喂饲料的湿度过大、过稀，

而造成中、下层阻塞，减少透气性、缺氧等现象，使幼蚯蚓不适或死亡。

Ⅰ.饲料管饲喂法：由于幼蚯蚓的行动趋向是根据周龄的增长而逐步向基料下面深入的，为了减少蚯蚓上下运动的相互干扰，有必要在基料的中间层设置饲料管，使下层的蚯蚓不用到达上层也可以采食到饲料。

用饲料管投喂饲料，要经常观察饲料管内蚯蚓对饲料的采食情况，既不要出现饲料的剩余，这样会降低饲料的新鲜度和适口性，又不能出现因饲料不足，而造成蚯蚓之间相互争食，影响整体生长发育。

Ⅱ.草垫饲喂法：草垫饲喂法适合投喂一些比较稀、含水较高的饲料。首先要编制草垫。可用稻草等较长而又绵软的农作物秸秆编制成长、宽、厚分别为60厘米、30厘米、2厘米的长方形草垫。草垫的要求以密而不紧，松而不散为原则。草垫编制好后要在3%的生石灰水中浸泡24小时，使草垫软化并消毒。其次是放置单垫。为了操作时方便，草垫一般顺着基料的方向摆放，纵向可摆放3排，每平方米可放置4个草垫，最好能在草垫上喷一些蔗糖水，作为初步驯化蚯蚓的引诱剂。再次是投喂饲料，将饲料调和适中后，以勺舀置草垫上（用一半），舀出的量以不溢出草垫边沿为准，然后，将草垫无饲料的一半向上折叠置饲料上，将饲料盖上。最后是喷水清垫，当饲料向下渗透完毕以后，便打开草垫折叠部分，用清水喷雾清洗干净，并喷一层“益生素”，防止霉变、生虫和招来蝇蚊等。草垫可不收起，这样既有利于基料保湿，又方便蚯蚓取食。

②生长期蚯蚓的饲喂：生长期蚯蚓的生长比较快，投喂

的饲料量也比较大，因此在管理上要比幼蚯蚓粗放一些。根据蚯蚓饲养的密度和温度情况，适温（20～25℃）多投料，高温（25～30℃）减投料，低温（15～20℃）少投料的原则。温度在20～25℃，是蚯蚓生长繁殖的最佳温度，此温度蚯蚓生长最快，其饲料消耗也最多，可在基料表面全部撒上饲料，待采食完毕后可间隔4小时，继续投喂饲料；温度在25～30℃，由于温度偏高，蚯蚓的采食量明显减少，因此可一半撒上饲料，而另一半不撒饲料，下次投喂饲料时更换一下撒料位置，这样交替着投放饲料；温度在15～20℃，由于温度偏低，基料的透气性也明显下降，应少投料、薄撒料，最好采取挖坑深埋料的办法，为深层的蚯蚓补料。

③成蚯蚓的饲喂：成蚯蚓的饲喂方法比较多，各地可根据情况具体制定，这里介绍几种方法供参考。

Ⅰ. 轮换堆料法：在饲养床的一端，预留出2米长的空床位。饲养床堆积的基料高30～40厘米，放养种蚓。当基料基本上转化为蚓粪后，在空床位处铺上新沤制的饲料，表面覆盖一张网眼为1厘米见方的铁丝网，然后将已粪化的旧基料连同其中的蚯蚓一并铺放于铁丝网上，再将空出的床位铺上新基料。如此交替操作，轮换堆积，直至原有饲养床的旧基料全部更新完毕。将铁丝网上的旧基料加以阳光或灯光照射，待其中蚯蚓钻入基料下层后，用刮板将旧基料连同其中的蚓茧刮取一半；继续加以光照，然后再刮取旧基料，直至绝大部分蚯蚓因畏光而穿过铁丝网钻入下层新基料中。这时提起铁丝网，将网上的蚓茧连同蚓粪一并移入孵化床，以便孵育幼蚓。

Ⅱ. 混合投喂法和开沟投喂法：混合投喂法就是将饲料

和土壤混合在一起投喂。采用这种方法投喂，大多适用于农田、园林花卉园养殖蚯蚓。在春耕时结合给农田施底肥，耕翻绿肥，初夏时结合追肥以及秋收、秋耕等施肥时投喂，这样可以节省劳力而一举两得。另外，还可采取在农田行间、垄沟开沟投喂饲料，然后覆土。一般在农田中耕松土或追肥时投喂饲料，也可以收到较好的效果。

Ⅲ. 分层投喂法：包括投喂底层的基料和上层的添加饲料。为了保证一次饲养成功，对于初次养殖蚯蚓的人来说，可先在饲养箱或养殖床上放10～30厘米的基料，然后在饲养箱或养殖床一侧，从上到下去掉3～6厘米的基料，再在去掉的地方放入松软菜地的泥土。初养者若把蚓蚓投放在泥土中，浇洒水后，蚯蚓便会很快钻入松软的泥土中生活，如果投喂的基料良好，则蚯蚓便会迅速出现在基料中，如果基料不适应蚯蚓的要求，蚯蚓便可在缓冲的泥土中生活，觅食时才钻进基料中，这样可以避免不必要的损失。基料消耗后，可加喂饲料也可采取团状定点投料、各行条状投喂和块状料投喂等方法，各种方法各有其优点。如采用单一粪料发酵7～10天，采取块状方法投喂饲料，在每0.3平方米养殖800条蚯蚓的饲养面上，饲料厚18～22厘米，20天左右可加料1次。加料时把饲养面上深层饲料连同蚯蚓向饲养面的一侧推拢，然后再在推出的空域面上加经过发酵后的奶牛粪。一般在1～2天内陈旧料堆里的蚯蚓便会纷纷迅速转入新加的饲料堆里。采用这种投料方法，可以大大地节省劳动力，并且蚓茧自动分清。在陈旧料堆中的大量卵茧可以集中收集，然后再另行孵化。

Ⅳ. 上层投喂法：将饲料投放于蚯蚓栖息环境的表面。

此法适用饲料的补充，也是养殖蚯蚓时常用的方法之一。当观察到养殖床表面粪化后，即可在上面投喂一层厚5～10厘米的新饲料，让其在新饲料层中取食、栖息、活动。这种投喂方法便于观察蚯蚓食取饲料的情况，并且投料方便。不过新饲料中的水分会逐渐下渗，位于下方的旧料和蚓粪中的水分较大，加之蚓茧会逐渐埋于深处，对其孵化往往不利，为避免这种情况发生，可在投料前刮除蚓粪。

Ⅴ. 料块（团）穴投喂法：即把饲料加工成块状、球状，然后将料块固定埋在蚯蚓栖息生活的土壤内，这样蚯蚓便会聚集于料块（团）的四周取食。这种投料方法便于观察蚯蚓生活状况，比较容易采收蚯蚓。

Ⅵ. 下层投喂法：即将新制作好的饲料投放在原来的饲料和蚓粪下面，可在养殖器具一侧投放新的饲料，然后再把另一侧的旧饲料覆盖在新的饲料上。采用这种方法投喂蚯蚓，有利于蚓粪中的蚓茧孵化，而且由于新的饲料投入到下层，蚯蚓被引诱到下层的新饲料中，便于蚓粪的清除。这种投喂方法的缺点往往因旧料不清除，而蚯蚓食取新添加的饲料又不十分彻底，常造成饲料的浪费。

Ⅶ. 侧面补料法：在饲养床宽度方向设置新的饲养床（即在饲养床的侧面添放新饲料），1～3天后，原饲养床中的成蚓大部分钻入新料床摄食，而活动能力差的幼蚓及蚓茧仍留于旧基料中。可将它们连同旧基料移入孵化床，进行孵化。

Ⅷ. 穴式补料法：将添加料制成球状或块状，在饲养床上开挖若干个洞穴，掏出穴内的旧基料，补入等量的添加料，洞穴周围的蚯蚓便聚集于添加料内采食。此法便于观察蚯蚓活动、摄食等，也容易采收成蚓。

不管采用哪种投喂方式，饲料一定要发酵腐熟，绝不能夹杂其他对蚯蚓的有害物质。另外也可因地制宜，因饲养方式、规模大小，根据不同的养殖目的和要求来投喂饲料，更重要的是要根据不同蚯蚓的生活习性来投放和改进投喂饲料的方法，以达到省料、省力、省时和能取得比较高经济效益的目的。

（5）防逃：如果饲养管理疏忽，往往会出现大量蚯蚓逃逸现象，其原因如下。

①部分基料仍在发酵而产生不良气体使蚯蚓难以耐受。

②淋水过多，排水不良，基料积水，造成氧气不足。

③基料的温度、湿度严重偏离蚯蚓生长的适宜范围。

④基料消耗殆尽，未及时投放添加料，蚯蚓处于饥饿状态。

⑤添加料中不慎混入蚯蚓敏感的有毒成分。

⑥养殖密度过高，成蚓与幼蚓“祖孙同堂”，成蚓会主动迁移逃逸。

⑦饲养床缺乏夜间照明，如果基料内外的温度、湿度相近，天黑之后，蚯蚓便外出活动而逃逸。

⑧野生蚯蚓刚转为人工饲喂，尚未驯化成功，夜间也会逃逸。

针对上述不同的原因，按照蚯蚓的习性和需求来改进饲养方法，提高管理水平，才能从根本上杜绝蚯蚓逃逸现象。特别是处于产卵阶段的成蚓，总是企图寻找最适合的环境条件以繁殖更多后代，更容易发生逃逸。在有针对性地做好上述多方面的防范措施之后，养殖棚舍内设置夜间灯光照明，是彻底杜绝蚯蚓逃逸的简易有效方法。

（6）防敌害：为了防治寄生性敌害和致病微生物，可采取以下措施。

①使用畜禽粪便（特别是鸡粪、猪粪）作蚯蚓饲料，务必经过充分堆沤、彻底发酵，借助发酵产生的高温杀死粪便中的全部寄生虫卵和幼虫。

②发现用于饲喂畜禽的蚯蚓携带寄生虫时，必须将蚯蚓煮熟或加工成蚓粉，以免造成寄生虫病蔓延。

③被致病菌侵染的蚯蚓，体软、变色，内脏分解、液化，有臭味；被真菌侵犯的蚯蚓，身体僵硬，呈白色或绿色、黄色，行动呆滞。一旦发现上述症状，立即将病蚓全部清除，更换添加料，并将养殖密度减少，改善饲养环境。

④为了预防蚯蚓患病，可在调制好的添加料中添加0.01%的土霉素，或定期用0.001%的土霉素溶液泼洒饲养床。

3. 不同季节的管理

（1）春季：当地温高于14℃以后，蚯蚓开始醒眠活动。由于春季昼夜温差较大，倒春寒时有发生，尤其是野外养殖蚯蚓，在寒流到来之前或温度较低的晚上要注意采取保温措施，如覆盖塑料薄膜、农作物秸秆等。

（2）夏季：夏季气温比较高，日照光线比较强，因此应注意降温，如增加喷水次数、覆盖植物或增设遮阳网等措施。同时还应更换新基料，在基料中增加枝粗叶类植物，以提高基料的通气性，增加溶氧性。还应在基料中喷施“益生素”，以增加基料中有益菌的种类和数量，抑制有害菌的发展。

（3）秋季：秋季雨水比较多，要注意防水排涝，防止蚯蚓长期浸泡在水中。秋末气温下降，要适当搞好保温，尤其是夜晚一定要有保温措施。

（4）冬季：当气温低于10℃时，蚯蚓将逐渐进入冬眠，可将基料集中起来，堆集厚度可达到50厘米，使蚯蚓集中冬眠。如果气温低于10℃时，应在集中堆集的基料上加盖塑料薄膜。要随时观察基料10厘米深度的温度，以1～3℃为宜，绝对不能低于0℃，否则蚯蚓就会冻死。

（四）蚯蚓的品种复壮

蚯蚓属低等动物，遗传变异性较大，再加上人工养殖过程中密度较大，几代同床养殖，很容易造成品质退化，即生长缓慢、繁殖率下降等现象。因此，在生产实践中定期进行提纯复壮是十分必要的。

1. 种源的选择

（1）体态要求：体形上健壮饱满，活泼爱动，爬行迅速，粗细均匀，无萎缩现象。

（2）色泽要求：色泽鲜亮，呈现本品种特有的颜色，如爱胜属蚓呈鲜栗红色、环毛蚓呈蓝宝石色等。

（3）环带要求：蚯蚓达到性成熟以后环带丰满明显。

（4）对光照的敏感程度要求：蚯蚓对光温的感知敏感程度直接关系到对生态、微生态和生理以及体生化运动的自调能力。一般认为蚯蚓对较深红色有反应，并逃避为标准；温度在相差0. 5℃时，就具有趋温性，则说明达到温度敏感的标准。

（5）对原体的要求：蚯蚓具有全信息性的再生能力，

即截体数段的残体均可在伤口愈合的同体独立形成一复原整体。对于这种复原体，虽然和原体极为相似，但还是有区别的，而这些复原体不应再选择作为种蚯蚓培育。

2. 分组繁殖

将挑选出准备用于繁殖的蚯蚓，按等比例分配到若干对比组中，对其产茧量进行对比观测。观测的主要内容：一是蚓茧的分布情况及主要集中位置；二是蚓茧的密度，按密度的多少依次对分组进行编号，Ⅰ号为密度最高，Ⅱ、Ⅲ依次递减；三是蚓茧的大小，按蚓茧的大小也依次进行编号，即A号为蚓茧最大的组，B、C依次进行递减。对以上3种情况最佳的前几位（根据养殖的规模，确定选取的数量），即蚓茧分布均匀、密度较大、个体较大的筛选出来独立进行人工孵化，得到较优的群体。

蚓茧分离时应将选取的编组基料分别堆置阴凉处，稍后拌入少量滑石粉，以促使蚓茧从基料中尽快分离出来，然后用8目分样筛缓慢过筛，使绝大多数蚓茧分离出来。蚓茧分离出来以后，再拌入少量滑石粉，用16目分样筛再次进行过筛，将筛上面的大粒蚓茧分别拌入少量基料中暂时养护保存，筛下的蚓茧置入商品养殖地中，用于生产商品蚯蚓。

将筛选出的蚓茧进行人工孵化，一是缩短提纯周期；二是恒温孵化对长期在自然孵化的蚓茧中胚胎发育过程的生理节律以及作用因子带来相应的影响和冲击，从而获得了这一生理过程对新的要求的适应性筛选和驯化性筛选的基础。人工孵化时应注意以下几点。

（1）埋茧：在孵化池内先铺垫5厘米厚的基料，然后将要进行孵化的蚓茧均匀撒上一层，随即再撒上一层基料。

（2）覆膜：首先应搭建一个小弓棚，可用小竹杆两头插地。一般距基料面的高度以15厘米为宜。其次在竹竿的上面覆盖塑料薄膜，最好选用无滴水型的薄膜。最后将薄膜边角用土压实，但要注意通风透气。

（3）控温：温度一般以基料底面保持在25℃左右为宜，夏季不用采取什么措施，冬季则应注意加温，最常用的方法是在基料底部先埋上远红外加温器，使温度达到最佳状态。

3. 强化饲养

通过强化饲养达到优秀个体突出表现的过程。强化饲养主要掌握以下几点。

（1）加强高蛋白质饲料的饲喂：当幼蚓出茧以后，即可饲喂蛋白质占80%的饲料，在具体饲喂时可将饲料加工成细软糊状进行漏斗布点饲喂，根据采食情况，可坚持吃完就喂，没有剩余饲料为原则。

（2）变温饲喂：变温的目的是提高蚯蚓的适应性，并通过温度的变化，使遗传差异的隐性基因表现出来，而个体发育受阻被淘汰。同时通过变温还可以促使蚯蚓的新陈代谢，提高蚯蚓的抗病能力。具体方法是在每天晚上10点左右关闭保温措施，使温度下降到15℃左右，如果高于15℃还可以向基料上面喷洒凉水，使载体内部温度快速下降。等到次日早晨6点左右再将温度升至标准温度。可每天进行1次，连续5天，中间间隔2天。

（3）适量增加添加剂：如维生素添加剂、微量元素添加剂等，拌入饲料中即可，但要注意搅拌均匀。通过强化饲养以后，将表现较好的个体按照种源选择、分组繁殖和强化饲养3个环节进行第2次纯化育种，如此反复几次即可得到较纯化的繁殖群。

四、蚯蚓病虫害的预防与控制

（一）蚯蚓疾病预防

蚯蚓是一种生命力很强的动物，常年钻在地下，疾病很少，只有几种病，而且是环境条件或饲料条件不当而造成的“条件病”。因此，在蚯蚓饲养过程中，要加强管理，创造适宜蚯蚓生长的环境，以预防病虫害的发生。

（二）常见病害防治

1. 饲料中毒

（1）病因：一是基料发酵不彻底，使用后由于继续发酵而产生有毒气体，如硫化氢、甲烷等；二是基料使用过久，其透气性降低，使蚯蚓缺氧，同时厌氧性腐败菌、硫化菌等毒菌发生作用。

（2）症状：发现蚯蚓局部甚至全身急速瘫痪，背部排出黄色或草色体液，大面积死亡。

（3）防治：迅速减薄料床，将有毒饲料撤去，钩松基料，加入蚯蚓粪吸附毒气，让蚯蚓潜入底部休息，慢慢就可好转。

2. 蛋白中毒

（1）病因：饲料中含有大量淀粉、碳化水合物，或含盐分过高，经细菌作用引起酸化，导致蚯蚓胃酸过多。

（2）症状：蚯蚓的蚓体有局部枯焦，一端萎缩或一端肿胀而死，未死的蚯蚓拒绝采食，并明显出现消瘦。

（3）防治

①发现蛋白质中毒症后，要迅速除去不当饲料，加喷清水，钩松料床或加缓冲带，以期解毒。

②彻底更换基料。在基料中增加纤维性物质，清除重症蚯蚓。

3. 缺氧症

（1）病因：粪料未经完全发酵，产生了超量氨、烷等有害气体；环境过干或过湿，使蚯蚓表皮气孔受阻；蚓床遮盖过严，空气不通。

（2）症状：蚯蚓体色暗褐无光、体弱、活动迟缓，这是氧气不足而造成蚯蚓缺氧症。

（3）防治：此时应及时查明原因，加以处理。如将基料撤除，继续发酵，加缓冲带。喷水或排水，使基料土的湿度保持在30%～40%，中午暖和时开门、开窗通风或揭开覆盖物，加装排风扇，这样就可得到解决。

4. 酸中毒

（1）病因：基料或饲料中含有较高淀粉和碳水化合物等营养物质，这些物质在细菌的作用下极易使基料和饲料酸化。蚯蚓长期食用被酸化的基料和饲料，身体内的酸碱度就会失去平衡，其恶化的结果形成胃酸过多症。

（2）症状：发病初期表现为食欲减退，体态瘦小，基本上停止产茧。如果基料中酸性物质较多（pH值低于5），蚯蚓就会出现全身性痉挛，环节红肿，体表液增多。严重时表现为体节变细、断裂，最后全身泛白而死亡。

（3）防治

①用清水浇灌基料，将基料中酸性物质排出，注意基料的通风透气。

②根据酸性的pH值程度，用一定量的苏打水或熟石灰进行喷洒中和。

③彻底更换基料。

5. 食盐中毒症

（1）病因：蚯蚓摄入的基料或饲料含有1.2%以上的盐分，就会引起中毒反应。造成含盐高的原因：一是腌菜厂、酱油厂等废水、废料；二是饭店潲水等含盐较高而用作基料或饲料。

（2）症状：蚯蚓食盐中毒后，首先表现为剧烈挣扎，很快趋于麻痹僵硬，体表无明显不良症状。

（3）防治

①查找发病原因，及时更换含盐较高的基料或饲料，并用清水泼洗。

②如果中毒面积大并且比较严重，则应将基料全部浸入清水中，并将基料清除后，更换1～2次清水，取出蚯蚓，放入新鲜基料中继续养殖。

6. 水肿病

（1）病因：因为蚓床湿度过大，饲料pH值过高造成。

（2）症状：蚯蚓身体水肿膨大、发呆或拼命往外爬，背孔冒出体液，滞食而死，甚至引起蚓茧破裂或使新产的蚓茧两端不能收口而染菌霉烂。

（3）防治：这时应减小湿度，把爬到表层的蚯蚓清理到另外的池里。在原基料中加过磷酸钙粉或醋渣、酒精渣中和酸碱度，过一段时间再试投给蚯蚓。

（三）天敌的防范

蚯蚓的天敌包括捕食性和寄生性2大类动物，前者有哺乳类、鸟类、爬行类、两栖类、节肢动物和环节动物等，后者有绦虫、线虫、簇虫、寄生蝇类、螨类及病菌等。对蚯蚓危害较大的有鼠、蛇、蛙、蟾蜍、蚂蚁、蜈蚣、蟑螂、蝼蛄、蜘蛛和蛞蝓等，可根据其活动规律和生理习性，本着“防重于治”的方针，有针对性地进行防治。

1. 鼠、蛇、蛙类的防治

在养殖舍内堵塞漏洞，加设防护罩盖。

（1）室内墙壁角要硬化，不留孔洞缝隙，出入的门要严密，以免鼠、蛇、蛙类入内。门、窗和饲养盆加封铁窗纱，经常打扫饲养室，清除污物垃圾等，使鼠、蛇、蛙类无藏身之地。

（2）一旦发现可用人工捕杀，或在棚舍四周撒布生石灰形成一道防线，防止它们窜入饲养床危害蚯蚓。

2. 螨虫的诱杀

（1）将油炸的鸡、鱼骨头放入饲养池，或用草绳浸米水，晾干后再放入池内诱杀螨类，每隔2小时取出用火焚烧。也可用煮过的骨头或油条用纱网包缠后放在盒中，数小时后将附有螨虫的骨头或油条拿出扔掉即可，能诱杀90%以上的螨虫。

（2）把纱布平放在地面，上放半干半湿混有鸡、鸭粪的土，再加入一些炒香的豆饼、菜籽饼等，厚约1～2厘米，螨虫嗅到香味，会穿过纱布进入取食。1～2天后取出，可诱到大量的螨虫。或把麦麸泡制后捏成直径1～2厘米的小团，白天分几处放置在养殖盘表面，螨虫会蜂拥而上吞吃。过1～2小时再把麸团连螨虫一起取出，连续多次可除去70%的螨虫。

3. 蚁害的防治

蚯蚓蚁害的防治方法同黄粉虫的蚁害防治。

4. 壁虱的防治

壁虱又名粉螨，在高温、高湿、饲料丰富的环境中繁殖极快。它们叮咬蚯蚓，使之消瘦致死。防治壁虱，可取一块有色塑料薄膜铺放于饲养床基料上，几分钟后壁虱便爬到薄膜上。于下午3时以后、气温20℃以上时，喷洒0.5%的敌敌畏药液，用塑料薄膜覆盖。如发现少数壁虱尚未杀死，再喷洒3次药液。最后将被药液污染的表层基料清除、摒弃，以免危害蚯蚓。

5. 红蜘蛛

如基料表面肉眼可见大量红蜘蛛，即喷施0.5%的敌敌畏药液予以杀灭。

五、蚯蚓的采收与利用

（一）蚯蚓的采收

蚯蚓用作饲料时，其采收方法很多，要根据蚯蚓的养殖形式、场地、设施，以及蚯蚓怕水、怕光的生活习性等条件采取相应措施，各地可根据自己的实际情况，选取适当的采收方法。现介绍几种采收方法，供养殖者参考。

1. 翻箱采收法

采用箱、筐、盆、钵等小型容器养殖蚯蚓时，可将容器移至阳光下照晒片刻，蚯蚓会因避光而纷纷钻入容器底部。这时以轻盈快捷的动作将容器翻转扣于地面，立即取走容器，聚集成团的蚯蚓便暴露于表面而被大量收集。

2. 光驱诱集法

在室内的饲养床（箱、池）养殖的成蚓可运用此法采收。利用蚯蚓畏光的特性，在阳光或灯光照射下，饲养床（箱、池）表面的成蚓纷纷潜入下层基料，用利板逐层刮去基料及蚓粪直至基料的底部，便可将聚集成团的蚯蚓收集，置于孔径2～5毫米（视成蚓品种、体形大小而定）的框式网筛中，网筛下设置收集容器。再对蚯蚓施加光照，网筛中的蚯蚓便自动钻过网孔而落入下面的收集容器中。此法可使成蚓与蚓粪、基料彻底分离，采收率甚高。

3. 筛选法

自制两个大小相同的筛，两个筛面采用大小不同的筛孔，一个3毫米，一个1毫米，然后用合页折叠起来，上孔大下孔小，将大小蚯蚓、蚓粪、饲养基一起倒入。将筛放在日光或灯光下（最好是蓝光或紫外线光，因蚯蚓最怕蓝光和紫外线光），使蚯蚓钻过筛孔落到细筛上，小蚯蚓则再通过细筛孔落到下面的容器里，这样剩在筛具上面的是蚓粪和土饲养基，这种方法劳动强度小，适合室内使用。

4. 筛取法

将架床上的蚯蚓、蚓粪倒入3毫米筛孔的筛子上，来回振动，将蚓粪、蚓卵筛漏到下边的容器里，再将剩在筛上的成蚓采收下来。

5. 犁耙法

用一块木板钉上1～2寸的铁钉，比建筑工地上除铁锈的钢刷略大一些，装上手柄，铁钉像耙齿一样，用自制手耙轻轻地疏松饲养基，迫使蚯蚓向下层钻，这时可取上层蚓粪，逐层向下刮取，最后剩到床架底部的蚯蚓可集中采收。

6. 坑床直取法

此法适用于浅坑养殖法（0.5米左右的浅坑养殖），如大小蚯蚓混养须先将上层含卵蚓粪分开，然后将基料均匀翻松移到一边，蚯蚓便会向下层钻去，然后一层一层将基料移到一边，如果有多个养殖坑排在一起，可一个一个地交替着分层进行，这样可大大地提高劳动效率。如果大小混养，须留下适量的后备蚯蚓，要做好加料、洒水、覆盖工作。天气好，20天左右可采收一次。这种采收方法的优点是能够在养殖坑内完成提取蚯蚓的全部工序，缺点是如大小混养不容易取小留大。

（二）蚯蚓的利用

1. 活体蚯蚓的消毒

活体蚯蚓在利用之前，必须进行消毒灭菌处理。处理的原则是既要达到消毒灭菌的效果，又要不损伤蚯蚓机体。

（1）药物消毒法

①高锰酸钾溶液的消毒：首先将活体蚯蚓在清水中漂洗2次，除去蚓体上的黏液及污物；然后将其浸入5000倍的高锰酸钾溶液中3～5分钟即可捞起直接投喂于待食动物的食台上或作为动态引子拌入静态饲料中。活体蚯蚓作为饵料的应用，只能在养殖投食之时进行，以免造成蚯蚓逃离食台或长

时间缺水在干燥食台上被晒死。

②病虫净药液的消毒：病虫净为中草药剂，其药用成分多为生物碱及醣苷、坎烯、脂萜等多种低毒活性有机物质，故在一定的浓度之内既可达到彻底消除蚓体内外的病毒、病菌及寄生虫，又可确保蚓体的自然属性不受很大的影响。

③吸附性药物消毒：将0.3%的膦酸酯晶体倒入3000毫升饱和硫酸铝钾（明矾）水溶液中，进行充分的搅拌。待溶液清澈后，将清洗后的蚯蚓投入，浸泡1～3分钟。当观察到溶液中有大量絮状物时，即可捞出蚯蚓投喂水产动物，用该蚯蚓直接作饵料，具有驱杀鱼类寄生虫的效果。但该蚯蚓不得直接用于饲喂禽类，以防多吃后中毒。

（2）电子消毒：电子消毒即臭氧（O_3）灭活消毒，可使用电子消毒器进行。其消毒的特点是对各种病毒、病菌有快速灭杀的作用，灭活率达90%以上；采用空气强制对流氧气，弥漫扩散性循环消毒，无论有无遮挡物，臭氧均可到达预定空间，无消毒死角。由于不需要附加药物或辅助材料，因而无任何残毒遗留。消毒过程所产生的氧气气体经30分钟后即可还原；性能稳定，寿命长，不失效，无须调整；价廉，省电，效果比氯快300～1000倍，比化学药物快8～12倍，既可以彻底杀灭蚯蚓体内外的多种病菌、病毒，又不会伤到蚯蚓。

消毒时用铁纱网制成50～80厘米见方高度约10厘米的方盒，将洗净的蚯蚓按每份3～6千克装入盒内。然后将装蚯蚓方盒依次码入一顶部装有电子消毒器的密封木柜中。开启消毒器开关，关闭柜门，约60分钟即可打开，取盒内蚯蚓即为无菌消毒后的蚯蚓。

在消毒过程中，如果打开柜门之后，闻不到臭氧的浓郁气味则说明消毒不够，应继续闭门消毒。一般情况下，在关闭的消毒柜外可闻到从门缝间溢出的臭气味时即认为消毒较彻底了。还须注意的是，在制作消毒柜时须将电子消毒器放置柜中的顶部，否则会影响消毒效果。

如果没有消毒柜或无须消毒柜时，可将网状方盒码入一塑料薄膜制作的密闭罩中；同时将电子消毒器放置上层方盒顶上即可开机消毒。

（3）紫外线消毒：紫外线消毒即利用紫外线灯，按厂家说明书的要求对活体蚯蚓照射消毒杀菌。其杀灭范围不如电子消毒，但比较适用于小规模家庭养殖蚯蚓的消毒。

2. 作为动物饲料

（1）养猪：用蚯蚓养猪时，蚯蚓的用量为日粮总量的5%～10%。据河北某养猪场试验，每头猪每天平均加喂鲜蚯蚓162克，4个月后试验组比对照组增重74%，而且猪骨长肌比对照组宽5厘米；北京某养猪场试验，每天每头猪喂蚯蚓100～150克，2个月后称重，试验组比对照组平均每头增重4千克，增长30%。而且喂蚯蚓的猪肉嫩、鲜、无异味，肉的品质有明显的提高。另外，蚯蚓对母猪还具有催乳作用，试验5个月后，试验组比对照组每头仔猪平均增重1.75千克。

（2）养肉鸡：20～30日龄的肉鸡，每天每只用蚯蚓21克(约30条)；30日龄的肉鸡，每只每天用蚯蚓28克(约40条)，混在饲料中。40天后每只肉鸡试验组比对照组平均增重提高163克，增重率为15.9%。或者在混合饲料中添加12%煮熟的蚯蚓饲喂肉鸡60天，其中每组60只肉鸡。试验组比对照组增重提高39.1%，而料肉比下降1.07(2.92：1)，肉鸡死亡率下降

5%，比鱼粉组增重提高24.39%，料肉比下降0.35。

（3）养蛋鸡：在混合饲料中加入15%的蚯蚓，饲喂蛋鸡10天，产蛋量增加175克，平均每枚蛋增重1.7克，节约饲料1.4克。用蚯蚓饲喂蛋鸡时，掺入量不可盲目增加，过多既造成浪费，又影响蛋鸡食欲。某养鸡场在试验组饲料中加入5%鲜蚯蚓，对照组则加入7%鲜鱼，其他饲料条件相同，47天后，试验组比对照组多产蛋30枚，每只蛋增重0.58克。另外，用20%的蚓粪和3%的鲜蚯蚓加入配合饲料中喂蛋鸡，20天可节约精料2. 5千克，多产蛋2枚，每只蛋增重1.2克。

（4）养鸭：蚯蚓喂鸭可以生食，饲用量可占精料的60%～70%，即每只鸭每天饲用量为100～150克。产蛋率可提高50%，每只蛋增重15克。蛋鸭长期饲喂蚯蚓，鸭体健壮，羽毛丰满光亮，产蛋期延长。用10%蚯蚓粉饲喂肉鸭45天，试验组比对照组每只日增重平均可高10克。

（5）养鱼：蚯蚓体内含有丰富的蛋白质，营养成分比较全面，用作鱼类养殖的添加饲料，饲养效果相当或超过秘鲁鱼粉，是一种优良的蛋白质饲料。

①在配合饲料中混入新鲜蚯蚓：用于养鱼的配合饲料，对鱼的适口性及饲料效率等方面比天然饵料差。而利用新鲜蚯蚓混入养鱼的各种干配合饲料中，可弥补这一缺点。鱼类特别喜食，特别是喂养3厘米以上的稚鱼效果更好。其方法是在混合各种干配合饲料时把新鲜蚯蚓混合进去，让新鲜蚯蚓的体液吸入被混合的各种原料中，浸有体液的养鱼配合饲料适口性好，饲料效率高，胜过其他养鱼配合饲料。

②利用蚯蚓粉配合加工成颗粒饵料：利用蚯蚓粉配合加工成颗粒饵料喂鱼也有良好效果。方法是将新鲜蚯蚓在锅

里煮熟，摊在竹帘上晒干后磨碎（约4.5千克鲜蚯蚓磨成1千克干粉），与豆饼、麸皮、玉米面混合加工成颗粒的饵料，晒干投喂。其配方比例为干蚓粉14.29%，豆饼57.14%，麸料21.43%，玉米面7.14%。

③在配合饲料中，混入蚯蚓粪：杂食性鱼类不但喜食蚯蚓，而且也能吞食蚯蚓粪。现在所用的养鱼配合饲料，是以谷物、大豆粕和糠麸类原料粉碎混合，并添加可提高饲料效率的各种维生素及防止病害的药物等组成，这些材料价格高。利用蚯蚓粪作为配合饲料的一种原料，有助于广辟饲料源，按照一定比例混合，蚯蚓粪的混合比例可达40%。

（6）养虾：对虾的养殖通常用贻贝肉和冻白虾作饵料，成本很高。但经用蚯蚓饲喂试验证明，每尾对虾可饲喂蚯蚓5克。蚯蚓入水2秒左右即吐出黄浆及黏液，并在海水中蠕动和爬行，对虾步足捕蚓抱食，一般在1小时内全部吃完。1～3小时后即排出消化蚯蚓后的紫色虾粪。据观察，对虾消化正常，卵巢发育快，数天后相继产卵10.5万～50.7万粒，而同期饲喂贻贝肉的对虾的卵巢仅开始发育。

贻贝肉及冻白虾在海水中腐败快，常影响水质，造成对虾大量死亡，其存活率只有25%。由于蚯蚓在海水中至少能存活12～30分钟，蚓体分泌的保护液使蚯蚓死后3小时也不腐败，因此不容易污染水质，对虾的存活率提高达55%。

（7）养龟：由于蚯蚓的来源广泛，饲养成本低廉，开展蚯蚓饲养有广泛的应用前景。某养龟场每天投喂鲜蚯蚓，按龟体重的10%～15%，经观察，试验组比对照组增重15%，产蛋量也增加了10%。还可利用蚯蚓富集微量元素的能力，开展对龟、鳖等动物疾病的治疗与预防。

（8）养貂：某养貂场每天每只貂增加20克鲜蚯蚓，经20天，试验组比对照组增重20%，而且对比毛皮质量明显提高，繁殖能力明显增强。

（9）喂青蛙：野生青蛙喜欢捕食蚯蚓，人工养殖的美国青蛙、牛蛙、泰国虎纹蛙、棘胸蛙都特别爱吃蚯蚓。其原因是多方面的：首先青蛙在自然界生活的环境中容易找到蚯蚓，而且蚯蚓味道鲜美，无骨无刺，身体光滑，吃起来爽滑可口；其次蚯蚓有特别的腥味吸引着青蛙；再者是蚯蚓的营养价值高。

蚯蚓喂青蛙的第一个好处是促进青蛙快速生长和增加产卵量。据相关试验，用蚯蚓喂幼蛙，从10克长到200克，只需要85～89天，平均87天；在种蛙产卵前1周投喂蚯蚓，产卵量可达到4500～4700粒，平均4600粒。此外蛙的肉质特别鲜美，无腥味。

蚯蚓喂青蛙的第二个好处是青蛙吃进蚯蚓后容易消化，而且少患胃肠炎。因为蚯蚓吃的是腐熟的腐殖质，青蛙吃进后容易消化。此外，蚯蚓肠道中有很多有益的微生物，不但对青蛙的消化吸收有利，而且还可以防止胃肠炎病的发生。

蚯蚓喂青蛙的第三个好处是降低饲料成本，提高经济效益。因为蚯蚓的营养价值高，据测定，蚯蚓所含的蛋白质、氨基酸等与进口的白鱼粉相当，完全可以用蚯蚓代替鱼粉或代替部分的膨化颗粒料饲喂蝌蚪或青蛙。加上蚯蚓容易饲养，而且其饲养成本低，生长速度快，繁殖率高，所以用蚯蚓喂青蛙可以降低饲料成本。

收获的蚯蚓，因其用途和目的不同也就有不同的处理加工方法。

3. 蚯蚓浆的加工

蚯蚓浆加工制作方法简便，耐贮存，好包装，易运输，是猪、鸡、鸭、狗及貂、貉、观赏鸟等动物蛋白饲料或饲料添加黏合剂。这种剂型比蚯蚓干、蚯蚓粉味道鲜美，容易加工，比蚯蚓液营养成分全，比鲜蚯蚓贮存时间长。

（1）配制防腐剂：防腐剂用三聚磷钠22份，柠檬酸8份，乳酸钙7份，蔗糖酯2份，将上述配方称出后混合搅拌均匀，即为防腐剂，装瓶备用。

（2）绞浆：将上述防腐剂均匀拌入待续浆的蚓体表面，以每条蚓均蘸有粉剂为度，可根据贮存时间的长短，来确定用剂量。然后将已拌粉剂的蚯蚓投入绞肉机，连绞2～3遍，转入低温保存，可贮存90天。

如果是小规模的养殖户要加工蚓浆用于饲料、诱饵等，可将已消毒的成蚓投入80～100℃热水中烫死，加入少许防腐剂拌匀，可用农村的碾槽或研钵加工成蚓浆。在使用时如果加工方便，最好现磨现用，不要存放，不必加入防腐剂，这样既新鲜又实惠。

4. 蚯蚓粉的加工

蚯蚓粉是将鲜蚯蚓冲洗干净后，将其烘干、粉碎，即可成为蚯蚓粉，可直接喂养禽畜和鱼、虾、鳖、水貂、牛蛙等，也可以与其他饲料混合，加工成复合颗粒饲料，可以较长时间地保存和运输，容易为养殖动物食用。

（1）炒制：先将洗干净的粗河沙置于铁锅中炒热至60℃，然后将消毒蚓滤除体表水分后倒入锅中翻炒至死。要求文火慢炒，不要损伤蚓体。蚓体表面脱水、收缩时，倒入筛中振动，与河沙分离。

（2）烘烤：将炒制的蚯蚓置入恒温电烘烤箱内，将温度设置在60℃，也可以在太阳下暴晒至通体干燥，并反复翻动至基本脱水，即为干蚓。

（3）粉碎：将干燥蚓体拌入1%碘型防腐剂，投入粉碎机中，过80目筛，即得到蚯蚓粉。

5. 活体蚯蚓的保存

活体蚯蚓的保存是特种水产养殖的必需环节，也是生产蚓激酶的特定要求。采用下列方法，可使活体蚯蚓保存期分别达到30天和60天。

（1）膨胀珍珠岩保存法

①制作基料：将膨胀珍珠岩按常规方法采用高锰酸钾水溶液消毒处理后，以清水漂净，拌入1%碘型饲料防腐剂即可。

②活体蚯蚓贮存：按膨胀珍珠岩体积的50%～70%，分批倒入已消毒的活蚯蚓。待所有蚯蚓都钻入珍珠岩基料后，连同容器置于1～5℃环境中保存。

③活体蚯蚓取用：将盛有蚯蚓的容器转入常温环境，待容器中的基料温度升至室温时，取4～6目纱网罩住容器口，外面套上一个纱布口袋。将容器口朝下扣入清水中，蚯蚓便纷纷钻出纱网孔眼而进入纱布口袋。珍珠岩因比水轻而浮出水面，从而与蚯蚓全部分离。

（2）冷水保存法

①容器处理：在容器底部撒一层增氧剂，按每平方米用40克左右，再铺放一层洗净的木炭，木炭表面覆盖一层尼龙细网。将去皮的老丝瓜瓤筋层层码放于细网上，直至容器高度的2／3处。

②投蚓贮存：将含有绿藻的池塘水盛装于容器内，池塘水用量以淹没丝瓜瓤筋为限，加入浓度为2×10^{-6}的漂白粉溶液消毒。容器静置室外，一昼夜后，将已消毒的蚯蚓投入容器中，投入量为丝瓜瓤筋体积的50%～70%。将容器置于1～5℃环境中贮存。此法可使蚯蚓存放60天，不会出现问题。

③活蚓取用：将容器转移至室外，待其中水温升至常温时，取出丝瓜瓤筋，顶部加以光照，蚯蚓从下部爬出后即被收取。

6. 蚯蚓粪的利用

目前，蚓粪主要产品包括有机肥、有机复合肥的各种专用肥。通过长期的试验种植，其增产效果比较明显。在加工蚓粪时包括干燥、过筛、包装、贮存等过程。干燥分为自然风干和人工干燥2种。为了降低成本，多采用自然风干摊晒的方法。人工干燥多采用远红外烘干机的办法。此外，在加工利用蚓粪时还应注意：一是湿蚓粪愈早烘干愈好。如需要长期贮存，应控制在含水量30%～40%；二是蚓粪的存放时间愈长，氮的耗损就愈多；三是蚓粪宜高温干燥，因高温可以有效地杀死致病微生物。

（1）蚓粪的采收：蚓粪是当今市场上畅销的优质商品肥料，是养殖蚯蚓的又一项重要收入。及时采收蚓粪，上市后不仅可以增加销售收入，而且还有利于改善饲养环境，进一步促进蚯蚓的生长繁殖。

蚓粪的采收，大多与采收蚯蚓同时进行。这里介绍几种专门采收蚓粪的方法。

①刮皮除芯法：此法可结合投喂饲料时使用。当发现表

面饲料已经全部粪化时，应再在基料上投放饲料，并用草苫覆盖。2～3天后，当大部分蚯蚓由下而上钻到表层新鲜的饲料中摄食时，揭开草苫，将表层15～20厘米厚的饲料及基料刮到两侧，并将下层已经粪化的旧基料全部取出，最后将刮到两侧的饲料及基料再填加一些新基料一起均匀铺放于中间位置。取出的旧基料中如混有少量蚯蚓，可按上面所述的方法将蚯蚓和蚓粪分离。如果还含有大量蚓茧，则应将蚓茧排成10厘米厚，待其风平至含水率40%时，利用孔眼直径为2～3毫米的网筛加以振动筛选，将位于筛网上的蚓茧转入孵化容器中，喷水至含水率60%，使其孵化出幼蚓。

②上刮下驱法：此方法可与下投饲料方法结合进行，即当采取下投饲料方法时，将上层蚓粪缓慢地逐层刮除，蚯蚓在光照下会逐渐下移至底层。采收成蚓时也可采用这种方法。

③侧诱除中法：此法可与侧投饲料的方法相结合。当采用侧投饲料饲养蚯蚓后，蚯蚓多被引诱集中到侧面的新饲料中，这时可将中心部分已粪化的原饲料堆清除去，然后把两侧新鲜饲料合拢到原床位置。除去的蚓粪的处理方法与刮皮除芯法相同，不过采用这种方法清出的蚓粪残留的幼蚓较多，应辅以上刮下驱方法将幼蚓驱净。在采用上述方法收集到的蚓粪中往往有许多蚓茧，必须对蚓粪进行处理。一是可将收集到含有蚓茧的蚓粪直接作为孵化基进行孵化，待蚓茧大量孵出，并达到1个月以上的时间时，再采用上述方法把蚓粪清除；二是可将已收集到含有蚓茧的蚓粪摊开风干，但勿日晒，至含水量40%左右时，用孔径2～3毫米的筛子，将蚓粪过筛；筛上物（粗大物质和蚓茧）即加水至水量为60%

左右，待孵化。经筛选后的蚓粪含水率40%，可用塑料袋（但不要用布袋）盛装。

④茶籽饼液浸泡分离法：此方法操作简便，劳动强度小。

Ⅰ. 将茶籽饼捣碎，加入10倍重量的清水，水温在20℃时，要求浸泡24小时，如果水温高可适当减少浸泡时间，取上层浸出液作为蚓、粪分离液。使用前将原液加清水稀释3倍，装于大口径陶缸或盆中备用。

Ⅱ. 把待分离的蚯蚓与已粪化的旧基料混合物倒入具有孔眼的容器内。容器可利用铁丝或竹篾编制而成，长50厘米，宽15厘米，高50厘米，以能容纳20千克蚓粪为宜。在容器四周、底部均有孔眼，直径为2～3毫米，以成蚓能顺利钻过为宜。

Ⅲ. 将盛装15～20千克蚯蚓与蚓粪混合物的上述容器迅速置于陶缸（盆）内的分离液中，使混合物全部淹没于液面下，稍加翻动，历时20分钟。然后将容器取出，立即转浸没于清水缸中。受到分离液刺激的蚯蚓，一旦进入清水，会纷纷从容器的四周、底部孔眼爬出而落于清水缸中。15分钟后，90%以上的蚯蚓落水，将缸中清水排净，便于采收聚集于缸底的大量蚯蚓。

Ⅳ. 将容器中的蚓粪等剩余物倾倒于地面，摊晾、风干，静置2～3天，其中茶籽饼的有害成分即基本消失。

（2）蚯蚓粪的利用：蚯蚓粪质轻，粒细均匀，无异味，干净卫生，保水保肥，营养全面，结构及功能特殊，可全面应用于各种植物，基至可应用于名贵鱼虾的养殖。目前的主要应用范围有虾塘、跳鱼塘育肥，有机茶种植，有机水果、蔬菜种植，花圃、花卉营养土或追肥，草坪卷营养土或追肥，土壤改良介质，高尔夫球场、足球场营养土或追肥，家庭盆花、温室花卉、高档花卉栽培基质，名贵细小种子培养基，无土栽培基质，轻型屋顶花园，新栽培或新移植的树木、灌木促生营养土，鱼、虾饲料等。

①用于虾塘、跳鱼塘施肥，亩施100～300千克。

②在花盆中按1：3（1份蚯蚓粪3份园土）的比例拌入蚯蚓粪后种花，1～2年内不需要追施任何肥料，也无须翻盆换土。也可每2～3个月在盆土表面轻轻拌入1～2杯（约100克）蚯蚓粪。

③每个蔬菜坑放半杯蚯蚓粪或1～2个月施一次（每棵半杯或每尺一杯）。

④作为配方营养土，一般按1份蚯蚓粪3份土壤的混合比例使用。

⑤新栽培或新移植的树木、灌木，可按1份蚯蚓粪3份园土的比例混合遍施洞内，再把植物植入坑内，覆土浇水即可。

⑥新草坪以每平方米0.5～1千克蚯蚓粪轻轻施入表皮土壤，然后用碎稻草覆盖好已点进草坪种的土壤，并保持其湿度。

⑦球场、运动场草坪以每10平方米3千克蚯蚓粪均匀散施在草坪表层即可。

⑧对于果实、花或生病的盆栽植物，将1份蚯蚓粪浸泡在3份水中保持24小时以上制成混合物（茶水），施于植物、果实或花的表面。

⑨茶叶种植，每2～3个月每棵施200～300克蚯蚓粪于根

部，覆土即可。

⑩一般经济作物，每亩每茬施用100～200千克，并建议70%作基肥，30%作追肥，同时可按1：（1～3）的比例相应减少化肥的用量，施用2年以后，可进一步降低化肥使用量。果树的用肥量每年可提高200～300千克/亩。花卉可降到每年100千克/亩左右。其他作物的用量可根据地力（肥沃）情况适当增减。

第三章

蝇蛆的培养技术

苍蝇的幼虫（蝇蛆）是大有开发前途的新型优质蛋白饲料，广泛用于饲喂猪、鸡、鸭、鱼、虾、鳝、鳗、蛙、蝎、蜈蚣、鸟类等动物，其营养价值与鱼粉媲美，是动物蛋白饲料中的佼佼者。

一、蝇蛆的生物学特性

苍蝇是蝇类的统称，在生物学分类系统中属无脊椎动物、节肢动物门、昆虫纲、双翅目，对环境的适应性极强。

1. 蝇蛆的形态学特征

适宜用作蝇蛆养殖的种类有工程蝇（是目前主要的养殖蝇种之一）、市蝇、厩腐蝇、夏厕蝇、大头金蝇、丝光绿蝇等，它们都是完全变态昆虫，生活史分为卵、幼虫（蛆）、蛹、成虫4个时期，各个时期的形态完全不同。

（1）卵：苍蝇的卵（图3-1）呈乳白色，香蕉形，卵多粘在一起，成为团块，卵长约1毫米，1克卵约有12 000～14 000粒。

图3-1　蝇卵

受精卵在卵壳中形成胚胎，直到卵孵化成长为幼虫，叫作胚胎发育。幼虫成长经过形态的变化成为成虫的发育过程，叫作胚后发育。当卵孵化时，位在脊间的薄片裂开，幼虫从裂开的小孔爬出卵壳。

（2）幼虫：苍蝇的幼虫俗称蝇蛆（图3-2），有3个龄期：1龄幼虫体长1～3毫米，仅有后气门。蜕皮后变为2龄，长3～5毫米，有前气门，后气门有2裂。再次蜕皮即为3龄，长5～13毫米。蝇蛆体色，1～3龄由透明、乳白色变为乳黄色，直至成熟、化蛹。3龄幼虫呈长圆锥形，前端尖细，后端呈切截状，无眼、无足。

图3-2　蝇蛆

蝇蛆的生活特性是喜欢钻孔，畏惧强光。蝇蛆具有多食性，形形色色的腐败发酵有机物，都是它的美味佳肴。

（3）蛹：蛹（图3–3）是苍蝇生活史上的第三个变态。蛹为圆桶状，长约6.5毫米，重约17～22毫克，初为淡黄色、红色，以后色渐深，最后呈棕黑色，第一、第二腹节间有1对蛹气门。蛹在淡黄色、红色时，比重重于水，褐色时比重轻于水。在常温下，蛹在水中浸淹半小时以内，不影响成虫的羽化。

蛹壳内不断进行变态，一旦苍蝇的雏形形成，便进入羽化阶段。羽化时，苍蝇头部的额囊交替膨胀与收缩，将蛹壳头端挤开而爬出。从化蛹至羽化，称为蛹期。

图3–3　蛹

（4）成蝇：新从蛹中羽化出来的成蝇（图3–4），体壁柔软，淡灰色，翅尚未展开，额囊尚未缩回。一段时间后，两翅方伸展，额囊回缩，表皮硬化且色泽加深，约1.5小时后能飞动，2～24小时的成蝇开始活动与取食。

图3-4 成蝇

成蝇蝇体粗短，体长约6～7毫米，全体有鬃毛，分头、胸、腹3部分。

2. 主要生活习性

（1）滋生地：苍蝇能在各种腐烂发酵的动、植物的有机质内繁殖。

①粪肥：家畜和家禽的粪肥是苍蝇最好的孳生地。这些粪肥不太潮湿，结构疏松，适合苍蝇生长。不同地区苍蝇对不同家畜的粪肥有不同的适应性。例如，奶牛粪在世界各地都是最重要的孳生源，但北欧与西欧苍蝇都不在成年牛粪内繁殖，而在小牛粪内繁殖。人粪也是苍蝇的繁殖物，但有些地区（如欧洲北部）人粪不吸引苍蝇繁殖。猪、马粪也是很好的繁殖物，但是容易很快发酵变质；在现代养鸡场中鸡粪也是苍蝇重要的孳生地。但苍蝇只在家畜（禽）排出几天或1周内的粪肥内繁殖，一般不在堆肥内繁殖。

②生活垃圾与废料：食品加工后出现的垃圾种类很多，堆积在一起，是苍蝇主要的滋生地，水果、蔬菜加工后的残渣也是苍蝇繁殖场所。

③其他有机肥：如鱼粉、血粉、骨粉、豆饼、虾粉等均

是苍蝇孳生地。

④污水：在适合条件下，苍蝇能在污水淤渣，结块的有机废料，开放的污水沟、污水池内繁殖。厨房污水渗入土内也是其孳生地。

⑤植株、草料堆：在郊区、城乡结合部及农村，作物、蔬菜、杂草堆、腐烂发酵地也是苍蝇繁殖的场所。

（2）季节消长与越冬：一个地区蝇的种称为蝇相，而同一个地区各种类的比例称为蝇种组成。由于气候、高度、地理位置、滋生环境等的不同，不同地区的蝇相和蝇种组成亦不相同。此外，每一蝇种一个地区一年四季的数量分布亦不相同，在我国大多数蝇类的季节分布可分为2个类型，一为单峰型，多为耐热蝇种，一年中以7、8、9三个月为其密度高峰；另一型为双峰型，这种类型的蝇类一般适于在较低温度中生长繁殖。因此，多在4～5月份、10～11月份2个密度高峰，而在较热的8～9月份数量明显下降。

苍蝇在自然条件下，每年发生代数因地而异，在热带和温带地区全年可繁殖10～20代；在终年温暖的地区，苍蝇的滋生可终年不断，但在冬天寒冷的地区，则以蛹期越冬为主。苍蝇在我国大部分地区发生时期为每年3～12月份，但成蝇繁殖盛期在秋季。苍蝇在人工控制条件下全年可以繁殖，适温下卵历期1天左右，幼虫历期4～6天，蛹期5～7天，成虫寿命1～2个月。

①季节消长：苍蝇每年的消长与空气温度有关系，它能影响发育速度、交配率、产卵前期、产卵与成蝇采食。粪肥的发酵温度也是重要因素，热带与亚热带干热季节粪肥的干结，会影响苍蝇的繁殖。亚热带干热的夏天及寒冷的冬天

苍蝇很少，温暖（20～25℃）的春、秋两季最多。大部分温带、亚热带区域，冬天苍蝇很少，春季逐渐或突然增多，经夏季到秋季密度下降。在沿海温带气候苍蝇的消长与日照时间长短、湿度大小有关系。

②越冬：苍蝇在冬天并不真正休眠，它停留在畜舍内或其他建筑物内。在近北极地区很少发现成蝇，但有可能藏在保温好的畜舍内。越冬成蝇雌蝇在5～15℃变温下很少活过3～4个月。

（3）天敌：苍蝇虽然繁殖力强，家族兴旺，但子孙后代有50%～60%由于天敌侵袭和其他灾害而夭亡。苍蝇的天敌有3类：一是捕食性天敌，包括青蛙、蜻蜓、蜘蛛、螳螂、蚂蚁、蜥蜴、壁虎、食虫虻和鸟类等。鸡粪是成蝇和厩蝇的孳生物，但其中常存在生性凶残的巨螯螨和蠼螋，会捕食粪类中的蝇卵和蝇蛆。二是寄生天敌，如姬蜂、小蜂等寄生蜂类，它们往往将卵产在蝇蛆或蛹体内，孵出幼虫后便取食蝇蛆和蝇蛹。有人发现，在春季挖出的麻蝇蛹体中，60.4%被寄生蜂侵害而夭亡。三是微生物天敌，芽孢杆菌可以抑制苍蝇孳生，我国学者也发现“蝇单枝虫霉菌”孢子如落到苍蝇身上，会使苍蝇感染单枝虫霉病。

3. 对环境条件的要求

（1）卵：卵期的发育时间为8～24小时，与环境温度、湿度有关。卵在13℃以下不发育，低于8℃或高于42℃则死亡。生长基质的相对湿度为75%～80%时，孵化率最高；低于65%或高于85%时，孵化率明显降低。

（2）幼虫

①温度：温度的高低直接关系到蝇蛆的发育时间长短。

最适环境温度（培养基料温度）为34～40℃，发育期可缩短为3～3.5天；温度25～30℃时，发育期为4～6天；温度20～25℃时，发育期为5～9天；温度16℃时，发育期长达17～19天。发育期最低温度为8～12℃，高于48℃则死亡。

②湿度：1～2龄期蝇蛆的适宜环境湿度为61%～80%，最佳湿度为71%～80%。3龄期蝇蛆的适宜环境湿度为61%～70%，超过80%便不能正常发育。可见蝇蛆的发育需要一定的湿度，但并非越高越好。在生产实践中，适宜的湿度为65%～70%；低于40%，蝇蛆发育停滞，化蛹极少，甚至导致蝇蛆死亡。

③饵料：蝇蛆的重要生态之一就是食杂性，而且在栖息处就地取食。动物、植物性饲料以至微生物中的蛋白质，都是蝇蛆喜摄入的营养成分。食物的数量、质量、发酵温度以至含水量，都直接关系到蝇蛆的发育效果。

④通气性：空气流通有利于蝇蛆的生长发育。在垃圾堆里，蝇蛆常分布于具有较大空隙的墙角、墙根处。

掌握了蝇蛆的生长特性，用于指导生产实际，对于提高蝇蛆养殖效益大有裨益。

（3）蛹期

①温度：3龄期蝇成熟后，即趋向于稍低温的环境中化蛹。但低于12℃时，蛹停止发育；高于45℃时，蛹会死亡。在适宜范围内，随着温度升高，蛹期相应缩短。16℃时，需要17～19天；20℃时，需要10～11天；25℃时，需要6～7天；30℃时，需要4～5天；在35℃时，仅需要3～4天，此为最佳发育温度。

②湿度：据试验，适宜蛹发育的最佳培养料湿度为

45%～55%，高于80%或低于15%，均会明显影响蛹的正常羽化。如果蛹被水浸泡，时间越长，蝇蛆化蛹率越低，蛹的羽化率也下降。有人曾从液体垃圾中捞到1000个蝇蛹，转入干燥环境后，结果1个也未能羽化为成蝇。

另外，如果在培养蝇蛆的养分不足，蝇蛆在没有完全发育的情况下而勉强化蛹，这种蛹也一样能够孵化成成蝇，但这种成蝇95%以上都是雄性，只吃食物不产卵，一星期左右全部死亡。所以，用来留种化蛹的蝇蛆，一定要用充足的养料把它们养得肥肥胖胖，它们的雌性比例就越大。只有雌性种蝇多了，产卵量才有保障，产量才会稳定。

（4）成蝇

①温度、湿度：温度是影响成蝇生存繁殖的重要生态因素之一。成蝇喜欢温和的气候条件，亚热带比较暖和的地方，常年都可以见到成蝇的存在。雌蝇的产卵前期（即从羽化至首次产卵的时间）长短，与环境温度密切相关：在15℃时平均为9天，在35℃时仅需1.8天，在15℃以下时不能产卵。成蝇在 30～35℃时最为活跃，30℃以上则静息在阴凉处，45℃以上为致死温度。成蝇对温度的反应：35～40℃（初羽化为27℃）时静止，致死温度为45℃以上，在30～35℃活动最活跃，温度下降活动能力减弱，产卵、交配、取食及飞翔，在 10～15℃时停止，在 4～7℃时仅能爬动。成蝇成虫对湿度要求不太严格，成虫期以空气相对湿度50%～80%为宜，湿度过高时，成蝇则不喜欢。

②饵料：成蝇的主要饵料是液汁、牛乳、糖水、腐烂的水果、含蛋白质的液体、痰、粪等。也喜欢在湿润的物体，如口、鼻孔、眼、疮疖、伤口、切开的肉面及各种食物上寻

求食物。总之，一切有臭味的、潮湿的或可以溶解的物质都为苍蝇所嗜食。

蝇是杂食性昆虫，喜欢吃的食物很多。人工饲养蝇的目的就是让其多产卵、多育蛆。成蝇营养对成蝇寿命及产卵量均有较大影响。据报道用奶粉、奶粉+白糖、奶粉+红糖饲喂成蝇寿命较长，可存活50天以上，单雌产卵量分别为443、414、516粒；单饲白糖、动物内脏、畜粪等成蝇存活时间短，单雌平均产卵量分别为0、114、128粒。

③活动与栖息：苍蝇是在白昼活动频繁的昆虫，具有明显的趋光性，夜间则静止栖息。活动、栖息场所，取决于蝇种、季节、温度和地域。在某些季节，厩腐蝇、夏厕蝇、市蝇也会侵入住宅内。大头金蝇、丝光绿蝇、丽蝇、伏蝇、麻蝇等则主要活动、栖息于户外。

苍蝇的活动受温度影响很大，在4～7℃时仅能爬行，10～15℃时可以飞翔，20℃以上才能摄食、交配、产卵，30～35℃时尤其活跃，35～40℃因过热而停止活动，45～47℃时致死。

在北方寒带、温带地区，自然界看不到活动态的苍蝇，但在人工取暖的室内仍有成蝇活动，蔬菜大棚温室往往成为翌年春暖时苍蝇大量滋生的发源地。在江南和部分华北地区，冬季平均温度在0℃以下，苍蝇能够巧妙地以蛹态越冬，少数地区也能发现蛰伏的雌蝇被畜禽粪覆盖的蝇蛆。在华南亚热带地区，平均气温在5℃以上，苍蝇不存在休眠状态，可以继续滋生繁殖。

④交尾与产卵：羽化后的成蝇经过2～3天生殖系统发育成熟，雌、雄蝇即出现交配现象（从个体区分，群体中个体

较小的为雄性，个体较大的为雌雄；从腹部区分，雄性苍蝇的肚子小而扁，雌性苍蝇的肚子大而圆；从屁股区分，雄性苍蝇的屁股是圆形的，雌性苍蝇的屁股是尖形的）。交配后1～2天即开始产卵，从羽化至产卵是5～6天。产卵的高峰期在每天的17：00～19：00。雌蝇1次交配终生产卵。

蝇多在粪便、垃圾堆和发酵的有机物中产卵，雌蝇很少把卵产在物质表面，一般是产在稍深的地方，如各种裂口和裂缝中。蝇一生产卵4～6次，平均每次产卵100多粒。在产卵过程中雌蝇如被干扰，每次产1簇，几个雌蝇常将卵产在同一地点。

⑤寿命：影响苍蝇寿命的因素有温度、湿度、食物和水。温度25～33℃、空气湿度60%～70%最佳。

雌蝇要比雄蝇活得长，其寿命为30～60天；在实验室条件下，可长达112天。在低温的越冬条件下，苍蝇可生活半年之久。

二、蝇蛆养殖前的准备

（一）养殖场地的选择

蝇蛆养殖的场地可选择在养猪、鸡场等的旁边，考虑到夏天的光线太强，养殖房能建立在有少量树阴的地方更好。水电是必不可少的，因为立体蝇蛆房是必须安装温控设施（如风扇、排风扇、照明等），还有交通问题，小规模生产起码得斗车能出入畅通；规模较大者，汽车能自由进出。

蝇蛆养殖在很大程度上是有碍卫生的，因此在选择养殖地点时还要注意以下几点。

（1）远离住宅区：不能在住宅区的庭院内搞蝇蛆生产性养殖，因为一般住宅区的庭院面积不大，形不成养殖规模，鸡粪或其他废弃物在院内堆积，成蝇入室叮爬，会影响人体健康。

（2）注意常年风向：要注意当地的常年主导风向，将蝇蛆养殖场所设在鸡场的下风侧，以免臭味飘入饲养室和鸡舍，影响饲养员健康和鸡群的健康成长。

（3）远离水源：蝇蛆养殖场所必须远离自备水源和公共水源地，以免污水渗入地下，造成水质恶化，影响用水。

（4）废弃物堆放场：蝇蛆生产性养殖场所，必须有专用场地，供鸡粪和蝇蛆养殖废弃物堆放，以防造成环境污染。

（二）养殖方式的选择及用具的准备

目前，蝇蛆已逐步形成产业，养殖形式多样，在这里介绍苍蝇（蝇蛆）的几种养殖方式。

1. 简易养殖法

农村饲养蝇蛆作畜禽和特种动物饵料，可就地取材简易生产，现将常用的几种蝇蛆简易生产方法介绍如下。

（1）塑料盆（桶）繁殖法：少量生产可用此法，每个塑料盆生产的蝇蛆约1～1.5千克。将新鲜动物内脏、垃圾等放在苍蝇较多的地方，让苍蝇在上面产卵，早放晚收，将收集的蝇卵放入直径6厘米的大盆里（或直径30厘米的塑料桶）。向塑料大盆里洒水保持湿润，加盖，经过2～3天蛆虫就会长出来。缺点是需要多只塑料盆（桶）。

这一方法可在野外养殖蝇蛆，不必引种。饲养蝇蛆，其食物量由少到多投喂，即将新鲜鸡、猪粪按1∶1投入盆里，一个直径60厘米的塑料盆日投料1千克（桶养投料减半），再喷洒3%糖水100毫升（或糖厂的废液、糖蜜），经4～5天后可长出蛆来饲喂动物。

饲喂时，将水注入盆里，用木棍轻轻搅动，将浮于水面的鲜蛆捞出，洗净消毒后直接饲喂动物。渣水倒入沼气池或粪坑发酵，灭菌消毒。若用来喂龟鳖、鳝、鱼，可连粪渣一起倒进池塘饲喂。

（2）豆浆血水单缸繁殖法：此法适合城镇特种养殖种苗场或食品加工厂兼营养殖，生产少量蝇蛆时采用。

将500克黄豆磨成豆浆倒入缸内，再加10千克水拌匀，然后倒入2.5～3千克新鲜猪血或牛血，再加入洗米水5千克拌匀，让苍蝇来缸里采食产卵，以捞取蝇蛆喂动物，一次投料可连续使用2～3个月。

这一育蛆法的要求是缸内要保持40～50千克豆浆血水，当豆浆血水挥发减少时要注意添加，另外缸必须放在苍蝇较多的地方。

（3）多缸粪尿循环繁殖法：此法适合小型饲料养殖场、小鱼塘和种苗场采用。

取能装30千克水的瓦缸12个，放在苍蝇较多的地方分两行排好，按顺序编好1～12号。第1天在1号缸投放新鲜鸡粪1千克，新鲜猪粪1千克，人粪500克，烂鱼或动物腐肉、内脏250克，以后每天加尿水保持湿润。第2天按照第1天方法和数量投放2号缸，第3天投放3号缸，以此类推，这样投放完12个缸后，到第13天就把第1号缸的成蛆连同粪渣一起倒入池塘喂鱼。若是饲喂畜食，可将水注缸内，让蛆虫浮到水面，捞出饲喂。然后倒掉粪水，将缸洗净，按照第1天做法重新投料。第14天取第2缸，第15天取第3缸，这样依次轮换下去周而复始，不断获取新鲜蝇蛆作为畜禽饲料和动物活体饵料。

（4）牛粪育蛆法：此法适合小型养殖场和种苗场采用。

把晾干粉碎的牛粪混合在米糠内，用污泥堆成小堆，盖上草帘，10天后，可长出大量小蛆，翻动土堆，轻轻取出蛆后，再把原料装好，隔10天后，又可产生大量蝇蛆，提供活饵料。

（5）平台引种水池繁殖法：此法适用于小规模养殖场。建池24个，每天投料2池，采用循环投料法，日产鲜蛆6千克，可供养12头育成猪或300只小鸡食用。

①建1平方米的正方形小水泥池若干个，池深5厘米。在池边建1个200厘米与池面持平的投料台，然后向池内注水，水位要比投料平台略低，池上面搭盖高1.5～2米的遮阳挡雨棚。

②在投料平台上投放屠宰场丢弃的残肉、皮、肠或内脏500克，也可投放死鼠、兔等动物尸体300克，引诱苍蝇来采食产卵。

③将放置在平台上2～3天的培养料放到池水中搅动几下，把附在上面的幼蛆及蝇卵抖落到水中，然后把培养料放回平台上再次诱蝇产卵。

④每池投放新鲜猪鸡粪各2千克，或人粪4千克，投料24小时后，待蝇蛆分解完漂浮粪后再次投料。

⑤在池内饲养4～8天，见有成蛆往池边爬时，及时捕捞，防止成蛆逃跑。用漏勺或纱网将成蛆捞出、清水洗净、趁鲜饲喂。

⑥当池底不溶性污物层超过15厘米，影响捕捞成蛆时，可在一次性捞完蛆虫后，将池底污物清除，另注新水。

（6）塘边吊盆饲养法：此法适用于水产养殖场。

在离塘岸边1米处，支起成排的支架，每隔1～2米远，将1个直径40厘米的脸盆成排吊挂在养殖塘面上，盆离水面20厘米左右。把猪鸡粪按等量装满脸盆，加水拌湿，洒上几滴氨水，再在盆面放几条死鱼或死鼠，引诱苍蝇来产卵。苍蝇会纷纷飞到盆里取食产卵，1个星期之后就会有蝇蛆从盆里爬出来，掉入水中，直接供塘中动物食用。采用这一方法设备简单，操作简便，2千克粪料可产出500克鲜蛆。

具体操作要注意几点：一是盆不宜过深，以10～15厘米为宜；二是最好采用塑料盆，在盆底开2～3个消水洞，防止下大雨时盆内积水；三是盆加满粪后，最好能用荷叶或牛皮纸加盖3/4盆面，留1/4盆面放死动物引诱苍蝇，这样遮住阳光有利蝇蛆生长发育；四是夏日高温水分蒸发快，要经常检查，浇水，保持培养料湿润。

（7）水上培育法：此法适用于水产养殖场。

将长方形木箱固定于水上浮筏，木箱箱盖上嵌入2块可浮动的玻璃，作为装入粪便或鸡肠等的入口，在箱的两头各开 1个5厘米×10厘米的长方形小孔，将铁丝网钉在孔的内面，并各开1个整齐的水平方向切口，将切口的铁丝网推向内面形成一条缝，缝隙大小以能钻入苍蝇为度。箱的两壁靠近粪便处各开1个小口，嵌入弯曲的漏斗，漏斗的外口朝水面。在箱盖2块玻璃之间，嵌入一块可以抽出的木板，将木箱分割为二。加粪前先将箱项一块玻璃遮光，然后将中间隔板拔起，由于蝇类有趋光性，即趋向光亮的一端，再将隔板按入箱内，在无蝇的一端加粪。用此法培育的蛆，可爬入漏斗后即自动落入水中，比较省事省力。苍蝇只能进入箱内，不能飞出，合乎卫生要求。

（8）室外地平面养殖法：本方法适合养鸡场。

在远离住房和靠近畜禽舍的地方，选一块地平整、夯实，以高出地面不积水为宜，作为培养面。一个培养面面积约4平方米左右，根据饲养规模来确定培养面的数量。

用铁或木料做一个能覆盖培养面的支架，高50厘米，在支架上面及两侧盖一层牛皮纸，遮挡直射阳光。再在支架四周围一层塑料布（东西两侧能掀开），做成一个罩，以利保温保湿。支架同培养面一样大，是活动的，能随时搬开，便于投料和取蛆。

在培养面上铺粪，用新鲜鸡猪粪，按1：1拌匀后铺放，铺前先用水拌湿，湿度以不流出粪水为宜，然后把粪疏松均匀摊在培养面上，厚度5～10厘米，天热时薄，天冷时厚，最后把支架移到培养面上盖住粪层，把东西两侧塑料布掀开，在入口处粪面投入几只死鼠或0.5～1千克的动物腐尸、内脏、鱼肠等，引诱苍蝇进来产卵。铺粪后24小时内，要根据湿度要求喷几次水，保持粪层表面潮湿，以利苍蝇产卵以及蝇卵孵化。如果用鸡粪喷水即可；如果单独用猪粪，可在水中加0.000 3%的氨水或碳铵，以招引苍蝇飞来产卵。苍蝇在粪层产卵一昼夜后，可把支架东西两侧塑料布放下来，周围压紧，保持罩内温度，使蝇卵在粪层中孵化。

蝇卵在25℃时经8～12小时即可孵化出蛆虫。蛆虫孵出后，仍要根据水分蒸发情况向粪层喷水，但不使粪层中有积水，以防蛆虫窒息。利用启闭支架东西两侧塑料布来调节罩内温度在20～25℃。蛆虫生长后期，粪层湿度要降低，以内湿外干为好。

蛆虫孵化6～9天就可利用，原则上不能让大批蛆虫化蛹。由于蛆虫怕阳光直射，所以取蛆时可把支架移开，让阳光照射粪层，蛆虫就钻到粪层底部，把表层粪刮去，再把底层的粪和蛆扒开，放鸡进去啄食，这是最简便的收蛆方法。鸡吃完蛆后，再把粪扒拢成堆，加入50%的新鲜粪拌均匀，浇水摊平后又重新育蛆。此法温度在5℃以上即可进行，气温10℃以下加入20%的马粪发酵升温。若按每平方米产500克蝇蛆，每只鸡按日需20克计，4平方米培养面积生产1个周期可供100只鸡饲喂1天。

（9）室外土池饲养法：此法适合在林区、水库边的耕作区，在地头的肥堆、粪坑中结合养殖。

选择背风向阳、地势较高、干燥温暖的地方挖土池，规格为长2米、宽1米、深0.6米，放入畜禽粪便、稻草、甘蔗渣，浇水拌湿发酵后，投入死鱼，死动物内脏等腥臭物。上面用木板盖好，木板上设置有1个0.3米见方活动玻璃窗让成蝇飞进支采食产卵。注意在池外周围挖排水沟，池内不能积水。放料后每7～10天掀开木板盖，扒开表面粪层，赶鸡鸭去坑里采食、或连粪和蛆一起铲进桶内，倒进池塘水库喂鱼。

（10）室外塑料棚育蛆法：此法适宜于小规模养殖用，大棚面积可根据饲养大小决定，在大棚中设置立体蝇笼。

①优点：采用塑料大棚养苍蝇很容易满足苍蝇在繁殖过程中的这些特征要求，其优越性有以下几点。

Ⅰ.饲养温度显著提高：不用专设采暖设施，在春、夏、秋季棚内温度很容易保持在27～30℃，用棚顶的草帘的卷起和遮盖，增温降温措施简便易行，几乎不增加饲养成本。即使在寒冷的冬天，棚内温度也能平均达到20℃左右。

Ⅱ.湿度稳定易保持：在普通民房中养苍蝇，要保持一定的湿度需要不断向地面洒水，而在塑料大棚中，因密闭性好，在没用水泥硬化的地面上，不需要洒水，不用专门调节湿度。

Ⅲ.光照充足：在塑料大棚中，掀开棚顶草帘，经塑料薄膜过滤的阳光映亮在整个大棚中，简便易行。

②饲养笼：笼架上系有同样大小的纱网，纱网一侧的一端之中央为直径20厘米左右、长33厘米的布袖，以便取放苍蝇和更换食料。将饲料置于饲养池中，厚度以不超过4厘米为好，然后将刚刚采集到的成蝇种或羽化后的成蝇放入笼内，饲料上放信息物诱使成蝇产卵，卵孵化后的幼蛆慢慢分散开并钻入饲料，幼虫吃饲料时，一般自上而下，如池中湿度大、温度高或饲料不足、虫口密度过大等，致使幼蛆向外爬，饲养人员要随时检查，及时采取措施，如添料或降温、降湿等。笼内要放饲养皿（直径7～9厘米），盛放砂糖供成蝇取食，或其内放一块吸饱水的泡沫塑料，为成蝇提供水源，也可以用以诱卵。成蝇每笼养殖8000～10 000只。

（11）水泥池养：水泥池造价较高，所以此法适宜于较大规模养殖使用。

在厕所附近，用砖砌成长100厘米、宽70厘米、深50厘米的长方形繁殖池，内壁和底部抹上水泥；磨光。池建好后，将人粪和畜禽粪、畜骨、动物内脏、血块等装入池内，畜骨要砸碎，内脏须剁细，装料15～20厘米厚为宜。让苍蝇自由爬行接种12～24小时，再用纸板或双层塑料布覆盖，使池内温度保持在26～27℃。接种48小时后开始出现幼蛆，72～96小时后为出蛆高峰。正常情况下，1000克粪便可产蛆370～420克，1000克畜骨产蛆510～550克，1000克内脏可产蛆680～750克。若繁殖过快，不能及时利田，成蛆重新变蛹，羽化成蝇，这样既污染环境，又浪费饲料。繁殖成熟的蛆，大都在粪便的表面，收取时将表面的蛆铲入清水盆中，用木棍搅动，让蛆浮于水面，即可用网筛捞出。同时补充原料，以保证随时取用。

（12）田畦培养蝇蛆：田畦培育蝇蛆方法简单，投资小，见效快，收益大，群众容易接受。

选择背风、向阳、温暖、安静和地势较高的地块做田畦，畦的北边最好置避风屏障如篱笆等。畦一船长约3～4米、宽1～1.5米，修成4～5个为一组的完全相同的东西向田畦。畦间埂宽15厘米、高20厘米，畦底要平坦，用前灌水3～6厘米，平整夯实后让其暴晒。若生产量较大，还可以修建多组这样的田畦组成循环生产线。

田畦培育蝇蛆，可选择质量好的鸡粪或猪粪少许加多量的酱油渣（酱油渣的成分含60%豆饼，30%麦麸，10%玉米面，此外还含有盐分3%左右，水分5%左右）做原料。将湿的酱油渣和鸡粪以6∶1的比例混合均匀，配成蝇蛆的培养基料。如果发现原料较干时，要适当加水拌和，湿度以手能抓起握成团并有水分溢出为准。

准备好农用钉耙、淋水壶、铁筛、簸箕等工具。在每组田畦上设置一个与田畦、面积同样大小、五面长方体的控蝇罩笼，其高度为50厘米左右，使蝇只能进、不能出。具体做法是在田畦四周用铁纱布做成围墙，上面用塑料薄膜盖严，然后用菜刀在四周的铁纱壁上砍数个与畦面平行的刀口，并使铁纱刀口的破头向内，使蝇刚好能钻进去。如果经济条件所限，也可以不设罩笼，而改用塑料薄膜，用砖块和秸秆垫架，使塑料薄膜与畦面有一定的空间，让蝇能出入自由，光强时用苇帘遮光以防过热。

气温稳定在23℃左右时，选择一个晴朗的日子，将原料均匀铺在准备好的田畦底面上，每平方米铺放基料40～45千克，厚度为5.5～7.5厘米，如果基料少或湿度大时可铺薄点。铺好后淋水，使基料表面湿度保持在65%。基料铺好后，将含有70%水分的动物废弃下脚料剁碎，均匀地堆放在田畦基料的表面上，以引诱成虫前来产卵。当基料、诱料铺好后，苍蝇就会相继而来。此时应将罩笼安装好，以防止苍蝇受惊而乱飞。同时，应注意遮强光、防干、防雨、保湿。经过一两天的观察，蝇卵或幼蛆达到一定数量时，撤罩平移到下个新铺基料、诱料的田畦上使用。待罩笼移去后，用相当于当时铺入田畦基料量万分之一的酵母，用水溶解成液体均匀地泼洒全畦，随后将新配好的培育蝇蛆的基料铺上一层，厚度为1～2厘米，能刚好把带蝇卵或幼蛆的诱料盖上，以确保蝇卵与幼蛆发育所需的温度、湿度及营养。然后淋水，使基料表面含水分达到65%，再遮上塑料薄膜。并注意保证通气良好，严防暴晒。

诱蝇量的多少是培育蝇蛆产量的关键，所以田畦基料、诱料在当天上午10时前铺好后，要注意观察田畦的诱蝇量及影响诱蝇的因素，随时调整诱料的数量和质量，并增设避风和避强光的屏障，创造苍蝇前来觅食产卵所需要的温度（25℃左右）及背风、温暖的环境条件。

在阳光较强的情况下，基料、诱料的表面容易失去水分而干燥，甚至成膜，直接影响苍蝇的觅食、产卵和孵化。为了确保产量和孵化率，在铺畦后的1～3天，一定要注意检查培养基料、诱料的湿度，保持基料含水分60%～65%，诱料含水分70%，不足时要随时淋水调节湿度，并注意注入水的水温差要小，以免突然降低温度影响蝇卵的孵化和蝇蛆的生长发育；雨天来临之前要用塑料薄膜盖好，雨后及时撤去，保持培养基料的最佳温度、湿度和氧气。经过3～4天的精心培育与管理，蝇卵即发育成蛆虫。

在6月中旬后，气温都平均在23℃以上，是苍蝇活动、产卵、孵化、发育的适宜时期，若无特殊降温或大雨、暴雨的袭击，培养4天后每平方米能育成老熟的蝇蛆2千克左右。收获时要按照当时铺基料和撒诱料时的时间顺序进行，否则不是蝇蛆太小，就是蝇蛆过老爬出田畦或钻到较松的泥土里化蛹。

蝇蛆收获时，要解决好料、蛆分离的问题。具体方法是在蝇蛆培育在4～5天时，利用光线较强的阳光照射，使培育基料表面增温，逐渐干燥，蝇蛆在光照强、温度高、湿度逐渐变小的恶劣环境条件下，自动地由表面向田畦培养基料底部方向蠕动，待基料干到一定程度时，用扫帚轻轻地扫1～3次，扫去田畦表层较平的培养基料，逐步使蝇蛆落到最底层而裸露出来，约计蛆虫达到80%～90%时，收集到筛内，用筛子筛去混在蛆内的料渣、碎屑等物，集积于桶内便可做饲料投喂。活饵投喂时，应用3%～5%的食盐水消毒；若留作干喂时，用5%左右的石灰水杀死、风干。如果培养基料丰富，也可不过筛，直接消毒后投喂。

筛出的残渣碎屑和扫出的干基料与新的原料再可配成新的培育基继续使用。这样每组每天收一畦，铺好一畦，4～5天一个生产周期，如此往复循环生产，直到温度低于20℃为止。

2. 规模化养殖法

随着农村科学技术水平的提高和生产条件的改善，当前蝇蛆生产的不足之处将会得到克服。农户生产蝇蛆将从饲养种蝇开始，逐步采用小型苍蝇农场的高效益养殖模式。

（1）办场基本条件

①饲养种蝇数目的测算：据测定，产卵高峰期每1万只苍蝇产的卵经5～6天饲养，可产鲜蛆4千克。日产鲜蛆100千克，则需要正常处于产卵高峰期的25万只成年苍蝇，为了保险，一个生产单元的种蝇饲养数量应确定为30万只。考虑到种蝇产完卵后要淘汰更新，一个更新周期至少要4天。因此，要准备2个单元以上的种蝇生产规模，才能保证持续不断供应日产100千克蝇蛆需要的卵块。

②种蝇房的面积及蝇笼数量：目前，饲养种蝇有房养、笼养2种。按每个蝇笼长1米、宽1米、高0.8米放养1.2万只种蝇计，一个单元需要25个蝇笼，蝇笼在室内分上、下两层吊挂固定，30平方米房摆放26个蝇笼。两个生产单元共需要60平方米种蝇房和50个蝇笼。

③育蛆培养面积的计算：按1平方米养殖面积可产500克

鲜蛆计算，日产100千克鲜蛆需要200平方米养殖面积。如果采用平面养殖则1个单元需要建总面积250平方米的塑料棚，若采用搭架立体养殖，按4层计算需要建1个70平方米的塑料大棚。棚内搭架与扩建棚面相比，投资基本相同，如土地条件允许，目前农村宜推广平面养殖。按蛆从孵出到成熟期5天计算，要保证连续出蛆，采用流水作业法，则需建5个生产单元。即平面养殖1250平方米，立体养殖350平方米。

④粪料（培养基）的准备：日产100千克鲜蛆需要400千克粪料，按猪粪2份、鸡粪1份的配方，需要猪粪266千克，鸡粪123千克。按1头猪日排粪4千克、1只鸡日排粪68克计算，则需要70头猪和1725只鸡提供鲜粪。如果不能与养殖场合作，苍蝇农场必须自养大约80头猪和2000只笼养鸡。才能保证日产100千克蝇蛆的足够用粪。

饲养成蝇（成虫）是为了获得大量的优质蝇卵，以供饲养蝇蛆用。成蝇最好从科研单位引进无菌苍蝇作为种蝇，也可以诱集野生蝇，但由于野生蝇带菌，繁殖率低，幼蛆个体小，生产效果较差。

（2）种蝇养殖法：国内目前养殖种蝇的方式有2种，即房养、笼养养殖。房养、笼养养殖方式各有所长，笼养隔离较好，比较卫生，能创造适宜的饲养环境，但房舍利用率不高；房养则可提高房舍利用率，且设备简单，省工省本，比较适宜于大规模连续生产，但管理不便，成蝇易于逃逸。

①房养：可以利用旧屋改造，但不能存放过化肥、农药、化工原料、有毒物质。饲养室最好有恒温设备以便四季养殖。墙壁和屋顶最好有绝缘材料以利于保温。简单的保温方法可用加热器或电炉接 1个控温仪，保持室温25～28℃，

也可用煤炉、土炕等，但煤气不得泄入室内。有条件的地方可安装空调控制室温，并要在室内放水盆及安装排风扇等，使室内空气相对湿度达到50%～70%。种蝇房光线不足时，可用日光灯补光，以保障其生长繁殖对光照的需要。幼虫饲养房则要保持暗环境，只要工作人员能操作即可，也可安装电灯，操作时打开，操作完毕即关灯。

生产步骤：选择场地→建设养殖房→发酵粪料→引进或驯化种苍蝇→循环生产。

操作步骤：发酵粪料→送入蝇蛆房→堆成条状→放上集卵物→产卵后覆盖卵块→保水保温育蛆→自动分离→收取成蛆→综合利用→铲出残粪→重复循环生产。

现以建造1个长10米、宽4米的养殖房（图3-5）为例介绍。

图3-5　房养种蝇

Ⅰ. 窗的建设：窗要设立在2个池的中间，每个窗的尺寸为高2.2米、宽2米。窗要先用60目的塑料纱窗网封住，再用1目的钢丝网封在塑料纱窗的外面，防止老鼠咬烂塑料纱窗。

Ⅱ. 房屋的高度：两边侧墙（安放窗的墙）高度为2.8～3米，主墙（安放排风扇的墙）高度为3.3～3.8米。排风扇是把养殖房内的空气排出，需要在养殖房内给排风扇做1个有铁架和纱窗的过滤罩，以防止苍蝇逃跑。

Ⅲ. 温控设施：立体蛆房的二三层要求采用少量的钢筋水泥结构，安装有4个风扇和4个排风扇，以及来回穿插的供苍蝇歇脚的绳子等。

Ⅳ. 收蛆池的设立：立体蝇蛆养殖只在与操作通道相接的一面两角有收蛆池，2个池的相连处收安放蛆池。

Ⅴ. 房顶设置：从房顶分别向两边的1/2采用水泥瓦，剩余的1/2采用透明材料，如透明塑料瓦、大棚膜、玻璃瓦等，以保证养殖房内足够的光线。在房顶向两边的1/2中间分别要安放4个废气排放桶（把容量为20千克的塑料桶用小拇指大的铁条打无数小孔，把桶盖用铁丝固定在桶的底面上。安装时先在1块水泥瓦上划开1个比桶口稍小一点的口，把桶倒过来放在水泥瓦口上，用水泥固定。屋顶两边共安放8个。

Ⅵ. 安装风扇、排气扇：室内需要安装4个壁扇，安放的位置是操作通道两头的墙上各安装1个、操作通道中间的横梁上背靠背各安装1个；4个排气扇分别安装在最两头的最上层蛆池的上方。室内的风扇由安放在大门外的温控仪控制，排气扇则由安放在大门外的微电脑开关控制。

Ⅶ. 防逃设施：房屋瓦下面全部用60目的纱窗布封住，大门采用钢丝纱窗门。大门外要建立长2米、宽1.6米的过道，过道要用水泥瓦搭顶，过道的作用是把蛆房门打开后，防止开门时苍蝇发现门外的强光而飞出来，因为有了过道，光线不是特别强。

Ⅷ. 安装绳子：在室内用绳子来回固定供苍蝇歇脚，绳子固定的方向与操作通道方向垂直。按通道长度方向计算，每米需要8条绳子。

Ⅸ. 加温设施：在大门相反的通道尾建立1个1平方米的炉灶（炉中心是1个大铁桶），此炉灶主要是用来烧锯末的（也可烧煤、柴），炉高1.3米，炉盖用1块铁板盖严（密封），铁板上有2个直径为35厘米的孔，每个孔连接着2条薄铁管，每条铁管沿着蛆池的第3层到大门转弯向上1米钻出蝇蛆房，目的是通过铁管把热量留在蝇蛆房内，而把燃烧的废气排出室外。炉灶的进料口设立在大门相反方向的墙外，完全在室外操作。操作口分上下2个，上口为进料口，下口为排灰口，每个口都有1块活动的铁板能够封住炉口，下面排灰口的铁板最底部有个小洞，小洞是用来安放1个30瓦的鼓风机。鼓风机是由温控仪来控制的，其操作原理是先把温控仪设定在25℃，当蝇蛆房室内温度低于25℃时，温控仪自动把鼓风机的开关打开，炉内锯末等在鼓风机的作用下加快燃烧，蝇蛆房室内的温度就会提高；当室内温度提高超过25℃时，温控仪又会自动把鼓风机电源关闭，炉内锯末燃烧放慢，当温度再低于25℃时，会重复上述过程。

种蝇房养时，在淘汰种蝇后也应彻底清洗地面及四周壁面，用紫外灯消毒2～3小时。

②笼养：笼养是20世纪80年代初就开始养殖的一种传统方式，这种方式是把苍蝇放关在笼子里养起来，每天给它喂

食喂水，换料，取卵，蛆用麦麸来养，这种养殖方式费时费力，产量低，成本高，但所用饲养的设备比较简单，主要有种蝇笼、产卵缸、饮水缸、饲料盘和笼架等。

Ⅰ. 种蝇笼（图3–6）：蝇笼主要用于种蝇的立体饲养。

图3–6　种蝇笼

蝇笼的大小没有固定的规格，依据饲养苍蝇规模来确定大小。例如可用白色胶织塑料窗纱缝制而成（最好用蚊帐布），规格 50厘米×50厘米×50厘米，笼子的8个角用带子或铁环固定在木架或铁架上，使蝇笼固定成一定的形状，这样大小的笼子以放养1万～1.2万头苍蝇成虫为宜。在笼子一侧开1个直径为20厘米左右的圆孔，将一布筒一端缝在圆孔上，另一端作为操作孔，平时布筒用皮筋扎口或挽个扣，操作时手从布筒中伸入，进行换水、加饲料等。也可用木条或6.5毫米钢筋制成65厘米×80厘米×90厘米的长方形骨架，然后在四周蒙上塑料纱或铁纱或细眼铜纱，同样在蝇笼一侧下脚安装1个布套开口，以便喂食、喂水，取放产卵缸）。蝇笼宜放置在室内光线充足而不直射阳光之处。每个蝇笼中，还应配备1个饲料盘、1个饮水缸，产卵时需要适时放入产卵缸。

由于蝇笼中蝇的饲养密度高，如果没有足够的栖息空间，就会造成蝇的提前死亡及产卵量的下降。为此，可以采用在蝇笼中安装活动栖息带的办法。具体做法是，先取2对与笼长相等的尼龙搭扣，将尼龙搭扣的2根凹面固定在笼顶内面，距前后笼边10厘米。在2根尼龙搭扣的凸面上每隔3厘米固定上长度相当于笼高1／3的白色宽塑料带。养殖种蝇时，将2根固定有塑料带的尼龙搭扣凸面分别安装到笼顶内的尼龙搭扣凹面上。100厘米×100厘米×60厘米的蝇箱内安装的栖息带有60对120根，总长度有36米，大大增加了蝇的栖息空间。这种方式安装的活动栖息带，既便于种蝇的栖息，又便于栖息带的安装和取下清洗。

Ⅱ. 饲料盘：玻璃皿或瓷、塑料碟、小碗皆可，内放成蝇饲料，如奶粉和红糖（成蝇的食料）等，可供多数成蝇取食。每1000只成蝇必须有采食面积 40平方厘米以上。

Ⅲ. 饮水缸：每个蝇笼内放置1～2个口径在3.3厘米左右的碟或碗，里面放1块浸水海绵以供苍蝇饮水。当蝇羽化后就要尽快喂水。目前国内养蝇绝大多数采用笼内喂水的方式，笼内喂水的缺点：一是蝇在饮水时一边饮水，一边排泄，造成饮水的污染；二是沾有水的蝇飞到笼上造成对蝇笼的污染，笼内湿度大，环境差，不利于蝇的生长发育；三是污染了的饮水要及时更换，即使每天换水也无济于事。可以将笼内喂水改为笼外喂水。这样种蝇既能喝到水，水又不会被蝇污染；1次喂水，可以饮用5～7天；换水次数的减少，避免了蝇的外逃。笼外喂水的做法是用容积小于3升的鸡用饮水器1只，卸掉底板、清洗消毒，在饮水器的口上用橡皮筋固定1块白纱布，注意纱布一定要绷紧。向饮水器内注入清洁的水后迅速翻转，水在虹吸的状态下不会滴漏出来。将饮水器倒置并紧贴在笼顶，蝇用口器穿过笼壁和纱布就能喝到清洁的水。

Ⅳ. 产卵缸：待蛹羽化为成蝇第4天后可放入产卵缸。产卵缸可同于饮水缸，需要一定高度，以3～4厘米为好。这样可以保持培养料的湿度，每笼放1～2个。

Ⅴ. 笼架：根据蝇笼的规格、饲养量及养蝇房的大小自行设计笼架。笼架可用木制，也可用钢筋、角铁电焊，规格大小只要能架起蝇笼即可。为节省空间，一般都是几层重叠，只要操作者操作方便即可。以 50厘米×50厘米×50厘米蝇笼为例，笼架可设计成：总高约180厘米，高分3层，每层高于50厘米，长大于100厘米。每层放2笼，共可放6笼，下部腿高20～30厘米，因地面温度偏低，应尽量利用高于地面30厘米以上的空间。

Ⅵ. 育蛆容器：小规模养殖时可用育蛆盘，以塑料盘为好。规模较大时，可采用育蛆池。沿房的两边砌成边高15厘米的水泥地隔成1平方米，2平方米皆可，池壁要光滑，池底不能渗水。为了充分利用室内有效空间可采用多层立体养殖法。也可参考畜禽养殖中的相关原理，建造自动化的养殖设施。饲养房要安装纱门、纱窗。

Ⅶ. 分离箱：在适宜的温度下，蝇蛆在培养料中生活4～5天后个体即达到最大、最重，这时可利用蝇蛆怕光的特性。来设计分离装置。蝇蛆分离箱上筛网可用8目铁丝或尼龙丝网制作。木材做筛框、同箱体大小一样。分离箱大小可视生产规模及操作方便而定，一般长、宽、高各为50厘米。

晴天可在阳光下分离，阴雨天可在室内开灯分离。依据蝇蛆畏光的习性，使蝇蛆入暗箱而与培养料分离。此外，尚需要干湿球温度计、油漆刀等小工具及标签纸等。

笼养所需要种蝇室要具备恒温设备以便四季饲养繁殖。房顶高约2.5米，墙壁和屋顶最好有绝缘材料以利于保温。简单的保温方法可用 1000瓦加热电炉或电暖气接 1个控温仪，有条件的地方可安装空气调节器以保持温度。温度最好控制在 24～30℃，不能低于 20℃或高于 35℃，室内空气相对湿度控制在50%～70%为宜。房中间应装有40瓦日光灯或100瓦灯泡。

（3）蝇蛆养殖法：蝇蛆的养殖方法大致可分为室内和室外2种。

①室内育蛆：可用缸、箱、池、多层饲养架等。

缸养宜选口径较大的缸，上面必须加盖，适于小规模饲养。

箱养时可用食品箱、木箱等，上面加活动纱盖，可置于多层饲养架上，适于用配合饲料养殖。

以盘养为例可根据实际生产规模（日产鲜蛆量）来确定培养盘（缸）数量，每万只可配备6～7个培养盘。规格大小以操作方便为宜。最好规格为 40厘米 × 30厘米 × 10厘米。四周高度不超过 10厘米，长宽不限，材料可选择木板材、胶合板或纤维板，也可用镀锌铁皮、纸箱、市售塑料盘等。

饲养盘托架常采用多层重叠式，以充分利用培养室空间、减少占地面积，所用材料和规格可根据具体条件及培养室面积以操作方便为宜，可自行确定。

池养是用砖在房两侧砌成边高40厘米，面积1.5平方米的长方形池，中间设一人行过道，便于操作管理，适于室内以动物粪便饲养。

为适应周年饲养需要，室内育蛆应备有加温、保温设备。如电炉、红外线加热器等。其他用具为铁铲、蛆分离筛、水桶、干湿球温度计、普通脸盆等。每平方米育蛆池铺放40～50千克饲料，均匀撒上20万粒卵，并将温度调制在25℃以上。经8～12小时后便可孵出1龄幼虫，4～5天后育成金黄色的老熟幼虫，便可以收集利用。

②室外育蛆：建立1个育蛆棚，即在室外选择向阳背风且较干燥的地方，挖1个长4.6米、宽0.6米、深0.8米的坑，其上面用竹子、薄膜搭成长5米、宽1.2米、高1.5米的棚盖，北面用塑料薄膜密封起来，南面留有1个小门，便于操作，四周开好排水沟，防止雨水浸入。育蛆时先将马粪、牛粪和杂草等混合、浇水，然后填入坑内。上面铺一层薄膜，使之成为四边高、中间低的育蛆槽。槽内铺放5～7厘米厚的饲料，按每平方米20万粒卵数，均匀撒在料面上。在25℃左右，经8～12小时后便可孵出1龄幼蛆，4～5天后则可收集利用。

（4）注意事项：饲料蝇蛆批量生产技术操作与前面介绍的蝇蛆简易繁殖法完全相同。只是生产规格扩大了，要注意以下几个问题。

①正式投产之前，要进行小区试验，通过测试，校正设计方案有关数据后再扩大面积投产。

②认真搞好生产管理，根据季节变化做好温、湿、光、热的调控工作，每天巡回检查4～6次，为蝇蛆创造最佳生态环境。

③加强生产的计划性和连续性，搞好流水作业，做到每天接种1个单元，产出1个单元，更新一批种蝇。

④做好综合经营，配套猪、鸡生产及农业饲料相关产业，保证生产蝇蛆有足够的粪料。注意降低生产成本，提高办场综合效益。

⑤不断做好种蝇提纯复壮工作，提高单位面积蝇蛆产量。

⑥苍蝇能传播各种疾病，在培养蝇蛆过程中，特别需要防止网箱中的无菌蝇飞出，更要严防室外边的苍蝇飞入饲养种蝇的网箱内。

（三）饲料选择与配制

蝇蛆的饵料相当广泛，以饵料来源广，价格便宜为宗旨，要充分利用当地资源。养殖蝇蛆所需要的饲料，包括产卵料、成虫料和蝇蛆料3类，根据饲料的物理形状又分为固体饲料和液体饲料2类。

1. 蝇蛆的饵料种类

养殖蝇蛆所需要的饲料，包括产卵信息物、成虫饲料和蝇蛆饲料3类，根据饲料的物理形状又分为固体饲料和液体饲料2类，可根据各自情况酌情选用。

（1）畜禽动物，如牛、马、猪等杂食类动物的粪便，其蛋白质的含量比食草性的大型牲畜要高而且脂性物质也比较高，但纤维物质含量较少，这样的粪便虽然柔软，而不松散，密度比较大，虽肥但腐臭，不宜被蝇蛆直接利用，应和其他松散、含纤维较高的物质混合后使用。

（2）小型动物，如鸡、鸭、鸽等食精饲料动物的粪便，由于这些动物食用的都是全价精饲料，再加上这些动物没有咀嚼器官，消化道又比较短，其饲料的消化转化率比较低，因此，在其粪便中含有较高的蛋白质、脂肪、矿物质、微量元素、维生素等，这些几乎完全可以被蝇蛆摄取，是蝇蛆的直接优质饲料。这类原料在使用前应进行发酵处理后使用。

（3）作物秸秆：采用秸秆作为蝇蛆养殖基料的疏松剂，能起到提高培养蝇蛆基料温度的作用，基料温度的提高，能有效提高蝇蛆的产量。据实验，100%采用秸秆肯定无法培养出可观的蝇蛆，只有在培养蝇蛆的基料中添加30%左右的粗粉碎秸秆，有提高蝇蛆产量的作用，提高幅度在20%左右。

（4）麦麸（糠）类：是原料加工后的副产品，含能量低，粗蛋白质含量高，富含B族维生素，多含磷、镁和锰，含钙少，粗纤维含量高。

（5）动物血类：动物血中含有大量的蛋白质，且对蝇蛆来说适口性很好，例如猪血含蛋白6%左右，猪血粉含蛋白更高达90%，但这些蛋白动物对其的消化是非常少，而蝇蛆则可以轻易消化，将其中的蛋白转移到自己身体上，转化成为动物容易消化吸收的动物蛋白，因此在100千克养殖蝇蛆的麦麸中添加40千克动物血或10千克血粉，能够提高产量30%以上。收集购买回来的动物血，如果已经有些臭味，或者一下子使用不完，动物血就会变臭变质，需要进行保鲜。保鲜的方法非常简单，在300千克动物血中将一包粗饲料降解剂与3千克玉米粉混合到动物血中拌和，密封即可保存1个月都不会变质，且其中的臭腥味也会减少或消除。添加动物血还有一个好处就是对种蝇有提高产卵量的作用，因为种蝇可以从中吸取到足够的动物蛋白。

（6）油粕类：豆粕、棉粕、菜粕、茶籽粕、花生粕等油厂下脚料，这些物质含蛋白和能量高，一些油粕物质具有价格低的特点，作为添加到麦麸中能够有效提高蝇蛆的产量，每100千克麦麸添加量为20千克，增加了约8%的蛋白和大量的能量。

2. 饵料参考配方

（1）种蝇的饵料：种蝇同其他动物一样，也需要足够的蛋白蛋、糖和水以维持生命及繁殖能力。下面列举几个配方供参考。

配方一　红糖或葡萄糖、奶粉各50%。

配方二　鱼粉糊50%，白糖30%，糖化发酵麦麸20%。

配方三　红糖、奶粉各45%，鸡蛋液10%。

配方四　蛆粉糊50%，酒糟30%，米糠20%。

配方五　苍蝇幼虫糊70%，麦麸25%，啤酒酵母5%，蛋氨酸90毫克。

配方六　蚯蚓糊60%，糖化玉米糊40%。

配方七　糖化面粉糊80%，苍蝇幼虫糊或蚯蚓糊20%。

配方八　糖化玉米粉糊80%，蛆浆糊20%。

上述配方中，最佳配方是配方一，但是成本相对较高；配方二至八，配方成本较低，生产中可以采用。在实际的种蝇饲养中，因奶粉、红糖等饲料成本太高，常用蛆浆糊或糖化面粉糊来替代。糖化面粉糊是将面粉与水以1：7比例调匀后加热煮成糊状，再按总量加入10%“糖化曲”，置60℃中糖化8小时即成；以这种饲料喂养成蝇，饲养效果好，成本低。蛆浆可参照以下配比制作：将分离干净的鲜蛆用高速粉碎机或多用绞肉机绞碎，然后按蛆浆95克，啤酒酵母5克，自来水150毫升，0.1%苯甲酸钠（防腐剂）的比例配制，充分搅拌备用。

成蝇饲料中必须有足够的蛋白质及糖类。通常用奶粉、鱼粉、动物内脏、变质的蛋类、白糖、红糖等。成蝇饵料，有干料，也有湿料，以干料为好。其理由一是购买方便，便于保存。平均每只成蝇每天耗干料为14毫克。湿料制作麻烦，原料、人工，总算起来成本高；二是湿料容易粘住蝇腿使它不能飞动而导致死亡；三是湿的成蝇饲料使成蝇所产的受精卵雄性占多数，而影响到下一代总的产卵量。

经过试验，可以采用白糖加蛆粉的种蝇饵料（1∶1）。这种饵料，不仅质量好，蛋白质的含量在60%左右，饲喂效果好、种蝇产卵多（比奶粉白糖组高13%），而且价格低（可节约饲料成本60%以上）。开始养种蝇的时候可以用些奶粉，一旦有蛆产出，就可以喂以蛆粉。这样种蝇的饲料来自蝇蛆养殖自身，减少了外部物质能量的投入，饲养的饲料成本可以大为降低。

（2）产卵信息物：种蝇与蝇蛆在一个空间里，为了提高产卵量，最好单独配制供给苍蝇产卵的物质，称之为集卵物，用于引诱成虫前来产卵。这类饲料营养全面，多能同时满足成虫和蝇蛆的营养需求，并具有特殊的腥臭气味，对成虫有较强的引诱力。使用畜禽粪便或人工配制的蝇蛆饲料作为产卵物时，喷洒0.03%氨水或碳酸氢铵水溶液、人尿、烂韭菜等可显著提高对成虫的引诱力。

其他产卵信息物配方有以下几种，也可酌情选用。

配方一　麦麸30%，动物血30%，玉米粉15%，水25%，另加20克尿素。

配方二　麦麸35%，鱼粉20%，花生粕20%，水25%，另加20克尿素。

配方三　麦麸30%，动物内脏30%，玉米粉15%，水25%，另加20克尿素。

配方四　麦麸用0.01%～0.03%碳酸铵水调制，再放些红糖和奶粉，含水量控制在65%～75%。

（3）蝇蛆饲料：选择蝇蛆饵料可分2类。一类是农副产品下脚料，如麦麸、米糠、酒糟、豆渣、糖糟、屠宰场下脚料等；另一类是以动物粪便，如牛粪、马粪、猪粪、鸡粪等经配合沤制发酵而成的。前一类主要是掌握好各组分的调配比例，控制含水量在60%左右，若采用酒糟作饵料，必须调整酸碱度为中性，并按1∶2配以麦麸，效果较好。后一类基质则要求含水量70%左右，使用前，将2种或2种以上基质按比例混匀，每吨粪料喷入5千克EM（市场有售）混合充分，粪堆高度20厘米，用农膜盖严，24～48小时后即可使用。其pH值要求为6.5～7，过酸可用石灰调节，过碱可用稀盐酸调节；每平方米养殖池面积倒入基质40～50千克，接入蝇卵20～25克。如育蛆料以鸡粪与猪粪比例为1∶2效益较佳。一般保持料厚为7～10厘米，湿度70%～80%，在18～33℃条件下，经过3～32小时可孵化出幼虫，4～5天幼虫取食育蛆料后生长至化蛹前，即可采收。

对于大多数畜禽养殖场来讲，在利用农副产品时，通常只能吸收所含能量和其他营养物质的25%，其余75%流失在粪便中。这既是一种浪费，又造成污染。因此，利用畜禽粪便养殖蝇蛆更具有现实意义。

饲养蝇蛆所用畜禽粪便以新鲜的为好。一般规模养殖的肉猪、鸡、鸭、鹅等的粪便，均易于及时取到，可随采随用。所采集粪便往往湿度过大，可掺入少量麦麸或木屑拌匀，使混合物水分保持在65%～70%，即可接种蝇卵。对采集来而暂时不用的畜禽粪便，宜存放在贮粪池内备用。顶部宜加盖24目防虫网和黑色塑料薄膜，以防止其他蝇和食粪昆虫在其内滋生繁殖。贮粪池上部应有防雨棚，以防雨水进入。

常用的蝇蛆饵料配方有以下几种。

配方一　新鲜猪粪（排泄后3天内）70%，鸡粪（排泄1周内）30%。

配方二　屠宰场的新鲜猪粪100%。

配方三　猪粪25%，鸡粪50%，豆腐渣25%。

配方四　猪粪75%，豆腐渣25%。

配方五　麦麸70%，鸡粪30%。

配方六　麦麸70%，猪粪30%。

配方七　麦麸80%，人粪20%。

配方八　猪粪或鸡粪60%，牛粪30%，米糠10%混合发酵腐熟。

配方九　猪粪1份和鸡粪2份，加水混合，其含水量80%。

配方十　猪粪2份和鸡粪1份，加水混合，其含水量80%。

若采用麦麸配方可以采用以下配方。

配方一　麦麸30%，动物血12%（湿），玉米粉1%，菜粕5%（豆粕、茶籽粕、花生粕均可），尿素0.4%，粗饲料降解剂0.1%，小苏打1.5%，水约50%。

配方二　麦麸30%，动物血粉12%，玉米粉2%，菜粕2%（豆粕、茶籽粕、花生粕均可），豆渣2%（或啤酒糟，为湿料，要求为新鲜无刺鼻酸味，pH值在6以上），尿素0.4%，粗饲料降解剂0.1%，小苏打1.5%，水约50%。

配方三　麦麸40%，菜粕2%（豆粕、茶籽粕、花生粕均可）、油糠3%，食用油3%，尿素0.4%，粗饲料降解剂0.1%，小苏打1.5%，水约50%。

配方四　麦麸30%，动物血粉6%，玉米粉10%，食用油1%，米糠1%，尿素0.4%，粗饲料降解剂0.1%，小苏打1.5%，水约50%。

配方五　麦麸30%，动物内脏10%（收集回来的动物内脏按照收集动物血一样的处理方法可以消除臭味和保鲜），玉米8%，尿素0.4%，粗饲料降解剂0.1%，小苏打1.5%，水约50%。

将上述原料与水混合后就可以使用，水的使用量不是绝对的，只要将加水后的物料堆成宽30厘米、高15～20厘米，看见物料上有足够的水分，但物料不往下泄和变形即可。每平方米面积放以上物料约40千克。堆成宽30厘米、高15～20厘米的条状。

将上述原料混合，不能添加粗饲料降解剂和EM等消除气味的物质，笼养种蝇放在盘中3厘米高度；房养苍蝇放在条状育蛆物料上，每20厘米条状物料上放一堆，每堆放手抓的一把集卵物（约3厘米厚度、5平方厘米面积）。每100千克麦麸前面配料中需要集卵物麦麸3千克（干麦麸的重量）。

三、蝇蛆的饲养与管理

（一）引入种源

1. 引诱

最简单的方法是在苍蝇活动季节，将适宜的产卵基质暴露于室内外引诱产卵，此后羽化出的成蝇即可作为种蝇。具体做法是将50%猪粪，鸡粪30%，切碎动物内脏20%混合，加水，使之含水量为60%～70%，在室外铺成2平方米面积、7厘米厚的养殖平面，加几滴氨水，上面搭架盖塑布遮避雨，四周敞开，引诱苍蝇来觅食产卵。卵经8～12小时孵化成幼虫，幼虫生产5～6天长成蛹。把蛹用镊子拣出放入1%的高锰酸钾溶液或3%的漂白粉溶液中浸泡约3分钟，杀灭蛹体表的细菌，然后置入种蝇网箱饲养。每个网箱放消毒过的蝇蛹250克约1.2万只。

当有15%的蛹变成成虫时，开始把种蝇饲料中的一种放入种蝇网箱内的饲料盘上。同时把水注入饮水盘上，在水盘上放一块海绵，让种蝇栖息于上面吸水而又不被水淹死。1万只种蝇1天的饲料约10克。每次2碟共放25克料，2天换1次料和水。种蝇用料极少，应当采用上述精料配方，才能保证在短期内大量产卵而且不退化。在温度17～33℃、相对湿度为50%～75%的适宜环境下，种蝇羽化后3天（在上述范围以外的温湿度环境则需要超过5天）即成熟交配产卵。当种蝇临产卵时，含水量为60%～70%的麦麸，每天接卵1～2次。将卵与麦麸一起倒入幼虫饲养盆或饲养池中。幼虫培养料采用晒干消毒过的猪鸡粪，消毒方法采用堆沤发酵再经阳光曝光。育蛆的方法如前所述。待幼虫（利蛆）化蛹后，再移入种蝇网箱中羽化饲养。这样周而复始，经过4～6代可得到驯化好的良种苍蝇。

经过长期选育，繁殖力和幼虫体重可以明显提高。因此，若能引进优良品系则更为理想，但引进后仍应注意防止退化，应不断复壮、选育。

2. 捕捉种蝇

用捕捉笼到垃圾摊随时捕捉种蝇。捕捉时只要手提捕蝇笼的上部对准蝇群罩下去，苍蝇都会钻进去，或者在捕蝇笼的下面放上诱饵，也能诱进野生的种蝇。

3. 捕捞蝇蛆

获取野生苍蝇种源最简单的办法就是从厕所中获取蝇蛆。在室外温度稳定在27℃以上的晴天，先取10千克新鲜猪粪，2千克麸皮，2千克猪血，0.3千克EM有效微生物（降低或消除粪堆中的臭味并具有杀菌作用，否则养殖环境将十分恶劣，但不要过量使用）混合成蝇蛆养殖饲料放进蝇蛆养殖房的一个育蛆池中。用纱窗布做成的捞蛆装置，从厕所捞取的蛆要先在池塘中或流水中清洗，然后快速地把清洗后的蛆倒在配置好的蝇蛆养殖饲料上，蝇蛆会马上钻进饲料中。2～3天后，蝇蛆就会全部长大成熟自动分离掉进收蛆桶中，把收集起来的成熟蝇蛆放在一个大塑料盆中，洒上少许麦麸，并用一个编织袋盖在蝇蛆上（注意不是盖在塑料盆的边沿上，如果把编织袋盖在塑料盆的边沿上，盆中会产生水蒸气，蝇蛆就能从盆中逃出）。2～3天后，蝇蛆全部变成红色的蛹，用一个筛子筛走麦麸，把蛹用高锰酸钾溶液进行消毒、灭菌（10千克干净的水，7克高锰酸钾）10分钟，捞出经过消毒、灭菌的蛹，摊开晾干，再重新放回塑料盆中，洒上少许麦麸，再盖上编织袋让蛹进行孵化。3天后，蛹孵化出大量的苍蝇。把投喂苍蝇的食物防在孵化盆的边沿，让苍蝇一孵化出来就能吃到东西。

第一批苍蝇是非常怕人的，它们总是停留在房顶光线较强的地方，不太愿意下来吃食，产卵极少或不产卵。这时采取的主要措施是不管苍蝇是否下来吃食和产卵，都要每天更换、添加食物和集卵物；操作人员进入养殖房中，走路要慢、要轻；产下少量的卵块要保证孵化率。

当第一批苍蝇的后代孵化出来后，要用最好的饵料饲养，使蝇蛆的个体达到最大（孵化出来后雌性增加），当蛹开始孵化时，就要把在蝇蛆房中的种蝇全部处死，以免它们把它们的野生习性传给它们的后代。如此4～6代后，种蝇驯化成功。

（二）日常饲养与管理

1. 种蝇的饲养管理

（1）调节温、湿度：放养蝇蛹前，将养蝇房温度调节到24～30℃，相对湿度调节到50%～70%。

（2）成蝇饲养密度：人工养殖蝇蛆应最大限度地利用养殖空间，以达到高产目的。由于受到环境、季节、房舍及养殖工具等的影响，其养殖密度也不尽相同。如果密度过大会导致摄食面积不足，饲料更换频繁而使成蝇逃逸死亡等问题发生，另外密度过大会造成室内空气不畅，人员操作不便；成蝇放养密度过低，又会影响产量。在夏季高温季节，以每立方米空间放养1万～2万只成蝇为宜，如果房舍通风降温设施完善，还可适当增加饲养密度。成蝇最佳饲养密度每只为8～9立方厘米，在此密度下，成蝇前20天的总产卵量最高。

（3）蝇群结构：蝇群结构是指不同日龄种群在整个蝇群中的比例。种群群体结构是否合理，直接影响到产卵量的稳定性、生产连续性和日产鲜蛆量的高低。控制蝇群结构的主要方法是掌握较为准确的投蛹数量及投放时间。实践表明：每隔7天投放 1次蛹，每次投蛹数量为所需蝇群总量的1/3，这样，鲜蛆产量曲线比较平稳，蝇群亦相对稳定，工作量小，易于操作。

（4）投喂饵料和水：待蛹羽化（即幼蛹脱壳而出）5%左右时，开始投喂饵料和水。饵料放在饲料盆内。如果饲料为液体，则在饲料盆内垫放纱布，让成蝇站立在纱布吸食饲料。在种蝇的饵料可用畜禽粪便、打成浆糊状的动物内脏、蛆浆或红糖和奶粉调制的饵料。目前，常用奶粉加等量红糖作为成虫的饲料。如果用红糖奶粉饵料，每天每只蝇用量按1毫克计算。以每笼饲养6000个成虫计算，成虫吃掉20克奶粉和20克红糖后，可以收获蝇蛆30千克。

饲养过程中，可用一块长、宽各10厘米左右的泡沫塑料浸水后放在笼的顶部，以供应饮水，注意不要放在奶粉的上面。奶粉加红糖和产卵信息物（猪粪等）分别用报纸托放在笼底平板上，紧贴笼底。成虫便可隔着笼底网纱而吸水、摄食和产卵。

也可在笼内放置饲水盘供水，饲水盘要放置纱布。每天加饲养料1～2次，换水 1 次。

（5）安放产卵盘及产卵信息物：当成虫摄食4～6天以

后，其腹部变得饱满，继而变成乳黄色，并纷纷进行交尾，这预示着成虫即将产卵。在发现成虫交尾的第二天，将产卵盘放入蝇笼，并把产卵信息物放入产卵盘（或将猪粪疏松撒在报纸上，其下垫上薄膜塑料和硬纸板，放在笼底平板上，以便于成虫产卵）。目前常用猪粪作引产信息物，其引产的效果较好，但是容易玷污笼壁，因而应当经常擦抹。也可用猪粪浸出物浸湿滤纸作为引产信息物，它虽不会污染笼壁，但容易干燥而影响引产效果。引产信息物也可用人工调制（见前述），混合均匀后盛在产卵缸内，装料高度为产卵盘的2/3，然后放入蝇笼，集雌蝇入盘产卵。

（6）雌雄苍蝇分离：羽化后6～8天，雄雌两性已基本交配完毕，可适时分离雄蝇，用以饲养鸡、鸭等。

①在蝇笼内改产卵盘为产卵缸（普通茶缸），内盛半缸含水量70%的麦麸，麦麸上放入少量1%～3%的碳酸铵溶液，再放些红糖和奶粉。这种方法可较好地引诱雌蝇产卵。待缸内爬满雌蝇后，将预先制作的纱网袋（大小以能套入为准）悬吊在蝇笼内产卵缸上方，轻缓地放下罩住缸口，轻击缸体，雌蝇即全体飞起，进入纱网袋。

②用有黏性的红糖水浸湿雌活蝇，抖落进容器中，将其捣碎，加上10倍的清水，用卫生喷雾器对蝇笼纱网喷雾（以湿润不滴水为度）。这时已完成交配使命的雄雌蝇虫，在笼中诱卵缸和笼网雌诱液的双重作用下，96%以上数目的雄蝇攀停在笼网上，雌蝇大量落停在产卵缸中。

③将爬满雌蝇并被罩住缸口的产卵缸移出，放入另一新蝇笼，反复5～10次，待缸内不再有大量雌蝇光顾时，把产卵缸取出，即可把笼中的雄蝇作为活体饲料用以饲喂蟾蜍或

其他动物。收笼笼中雄蝇的方法有2个：一是将蝇笼中盘、缸类取净；二是将纱网蝇笼中的雄蝇收拢，捣碎混入饲料，可饲喂鸡、鸭等；三是活蝇用浓糖水浸湿，撒上饲料粉，抖落进盆、槽等容器中，饲喂动物等。

④将收拢捣碎的雄蝇肉浆，加入到产卵缸中，引诱雌蝇入缸产卵，驱避雄蝇，可为雄雌蝇虫分离带来方便。

⑤羽化的苍蝇生活期为23天左右。15日龄后，随着雌蝇体的老化不再产卵，这时可趁蝇体尚未衰竭，含有丰富营养成分之机，将蝇笼中盘、缸水具及食具取出，将纱网蝇笼收拢，利用苍蝇活体喂养其他动物。

（7）停止羽化：成虫羽化第4天将产卵缸放入笼内，同时取出羽化缸。然后用塑料布将羽化缸盖好，以免个别蝇蛹继续羽化，待全部本羽化的蛹窒息死亡后，倒出蛹壳，清洗羽化缸，干后待下次再用。也可将羽化缸内剩余的麦麸和蝇蛹一起倒出摊平后用开水浇烫，以便充分杀死本羽化的蝇蛹。有条件的也可以将羽化缸放入低温冰箱中冷冻几小时后再处理。

（8）接卵：将麦麸用水调拌均匀，湿度控制在70%，然后装入产卵缸内，放入笼内。高度达产卵缸深度的2／3为宜。在24～33℃条件下，雌蝇每只每次产卵约100粒，卵呈块状。

每天收卵2次，中午12时和下午16时各收集1次。每次接卵时将产卵缸从蝇笼内取出，将蝇卵和麸皮一起倒入培养料中（与产卵缸培养料相同）孵化。接卵时，一定不要将卵块破坏或者将卵按入培养料底部，以免蝇卵块缺氧窒息孵不出小蛆。另外，也不能将卵块暴露在表层，这样容易使卵失去水分不能孵出幼虫。最好的接卵方法是用勺子或大镊子将产卵缸中培养料以不破坏形状放入到孵化盘中，在卵上薄薄撒上一层拌湿的麸皮，使卵既通气又保湿。从蝇笼内取出产卵缸时，要防止将成虫带出笼外，因苍蝇不愿离开产卵信息物，而且喜欢钻入培养料内1厘米左右，所以一定要将产卵缸上所有苍蝇赶跑后才能取出产卵缸。当有个别苍蝇随产卵缸带出后，要尽快将其杀死，以免污染环境。如此反复进行，直到成虫停止产卵为止。

（9）卵与产卵饲料的分离：饲养成蝇的目的是为了获取大量的优质蝇卵。成蝇羽化3～4天后就要在笼中放入集卵碟，碟中松散地放上诱集产卵的物质。所谓收集，只需要将诱卵物及其中的卵一起倒入幼虫培养料中，均匀地撒于培养料的表面，表面再盖一薄层培养料，不使蝇卵暴露于表面而干死。作为一级培养放入幼虫培养室。

据报道，苍蝇养殖时，如果卵和产卵饲料分离不完全，就不能准确地把卵定量地接入幼虫饲料里，从而不能培育出整齐一致、生命力强的标准幼虫。接卵过多，会造成幼虫发育不良；接卵过少，饲料产生霉菌影响幼虫发育。为解决此问题，可用双层纱布缝制一个正好放入50毫升烧杯中的小口袋，装入已经搅拌好的麦麸后，再把口袋朝下放入烧杯中。饲料装得不要过满，然后在表面放置经牛奶（或奶粉）浸湿的棉团，再倒入少量奶水于杯中，在棉团周围撒少许鱼粉（或红糖），这样雌蝇就会在烧杯壁和纱布口袋之间产卵，达到了卵与饲料分离的目的。接入幼虫饲料的卵粒就可用刻度离心管准确称量。

根据实践，采用以加工动物的下脚料发酵后作诱卵物，就是用麦麸加臭鸭蛋，或者加肠衣等动物内脏经过2天自然发酵作诱卵物，效果最好。接卵时将诱卵物连同卵块一并倒入幼虫培养料中也有利于幼虫生长发育。

（10）种蝇的淘汰：成虫在产卵结束后，大都自然死亡。死亡的成虫尸体太多时，应适当清除。清除尸体的工作应当在傍晚成虫的活动完全停止以后进行。当全部成虫产卵结束后，部分成虫还需要饥饿2天，才可自然死亡。也可将整个笼子取下放入水中将成虫闷死，或用热水或蒸汽杀死。淘汰的种蝇可烘干磨粉作畜禽饲料，淘汰种蝇后的笼罩和笼架应用稀碱水溶液浸泡消毒，然后用清水洗净晾干备用。

从理论上讲，一对种蝇能持续产卵1个月，甚至更长时间，但是人工养殖条件下却远远达不到这个程度。刚羽化的种蝇头两天产卵很少，从第三天开始进入产卵高峰期，此期可以持续1个星期，10天后产卵率开始明显下降，15天后，产卵率已降到每天平均不到2个。因此在生产中，每批种蝇养殖2周左右就要淘汰，以在短时间内获得大量蝇卵，提高养殖效益。

注意：在淘汰种蝇时，千万不可用药剂去杀死，因为用具及蝇笼需要反复使用。

（11）用具的消毒：养过种蝇后的蝇笼和用具，先用自来水洗净，然后进行消毒处理。消毒方法见表3–1。

表3-1 常用消毒药品及其用法

药名	用途	用法及用量
来苏儿（煤酚皂溶液）	蝇房、笼具、饲料盆、饲水盘和产卵盘等的消毒	外用配成5%溶液喷洒。2%溶液用于工作人员的手及皮肤消毒
氢氧化钠（苛性钠、烧碱）	杀菌及消毒作用较强，用于蝇房、笼具、饲料盆、饲水盘和产卵盘等的消毒	配成1%～3%热溶液泼洒，对金属、人体和动物体有腐蚀作用
甲醛溶液（福尔马林）	用于蝇房、工具熏蒸消毒	每立方米空间用42毫升福尔马林（40%甲醛溶液）加21克高锰酸钾（用容积大的陶瓷器皿或玻璃器皿。先在容器中加入少量温水，再把称好的高锰酸钾放入容器中，最后加入福尔马林），在温度20～26℃、相对湿度60%～75%的条件下，密闭熏蒸20分钟
漂白粉	用于蝇房等消毒	配成5%溶液使用
高锰酸钾	冲洗	配成0.1%溶液用于蛹、蛆的洗涤
生石灰	作蝇房消毒用	配成10%～20%溶液喷洒
新洁尔灭	用于人手、皮肤、用具消毒	0.1%～0.2%溶液喷洒、洗涤，忌与肥皂、盐类相混

（12）废弃物的利用

①蛹壳：蛹壳的蛋白质含量很高，少量的可用来饲喂家禽，大量的可作为提取甲壳素的原料。蛹壳的分离可用水漂浮法。

②蝇尸：蝇尸含有很高的营养成分，收集起来可饲喂畜禽，蝇尸也可作为提取甲壳素的原料。

③分离出的剩余饲料：饲养蝇幼虫所使用的麦麸可视颜色状况进行处理，颜色为黄色或浅褐色，证明剩余营养成分较多，可与新鲜麦麸混合后继续使用。如果颜色变为深褐色，则大部分营养物质已被苍蝇吸收掉，可收集后用作农田肥料。

2. 蝇蛆的饲养管理

生产蝇蛆，大致包括饲养成蝇使其产卵，收集卵块放入培养料中培养，待幼虫（蛆）长到老熟时将虫料分离，得到幼虫。同时让部分幼虫化蛹，再羽化成蝇，如此循环往复。鲜蛆可以直接用作特种畜禽、水产的活饵料，但要注意喂多少取多少，以免造成未吃完的蛆化蛹成蝇，造成二次污染。最好是将鲜蛆加工成蛆干备用，蛆干能够保存较长的时间。蛆粪则是优质的有机肥，可用于无公害蔬菜、食用菌及蚯蚓的生产。

（1）蝇种选育：首先应该选择个体健壮、产卵量高、正值产卵盛期的蝇群的卵块进行强化饲育，即适当稀养，食时添加一部分自然发酵2～3天的麦麸、米糠等，勤加食，勤除渣，使幼虫健壮整齐。一窝幼虫，虽然饲养管理周到，化蛹仍有2～3天甚至4～5天的先后之差。因此，应选虫体大小、色泽基本一致的幼虫，放在10厘米左右深的盆内，再将这个盛有幼虫的盆放在另一个较大较深、盆底盛有一薄层糠粉之类比较干燥的粉状物的盆内，盆上加盖纸等物，使盆内保持黑暗通风。

成熟的幼虫排干体液后，就会纷纷从粪渣里面往盆外逃逸而掉进大盆底上粉状物内，准备化蛹。如果幼虫阶段发育整齐，1～2天内大部分幼虫可以逃逸出来而化蛹。一般以

1～2天内获得的虫体较好，剩下的可作饲料处理。收集逃逸出来的虫体要放在黑暗、通风、安静的环境中，平铺2～3层，待其化蛹。等到蛹体外层颜色变为褐色，即化蛹2～3天后，用称重或测量容积的方法计数，或先数1000个蛹，称重，然后按比例称取所要的个数重。或先数1000个蛹，用量筒测容积，然后按比例量取所要求的个体容积。计数以后分别用纱布包好，浸入（1～2）$\times 10^{-4}$的高锰酸钾溶液中消毒5分钟，洗净脏物，放入成蝇笼内让其孵化。在正常情况下，如化蛹整齐，而且体质健壮，绝大多数蛹体会在1～3天内羽化完毕。

（2）卵的孵化：将选完种子卵的蝇卵可直接放入装有新鲜育蛆料的培养盘中孵化培养。第三天视育蛆料颜色决定是否需要添加新的育蛆料，若育蛆料比较松散，而颜色发黑，说明虫口密度大，营养不够。这时可将上层育蛆料去掉一部分，然后添加新的育蛆料。也可采用两级培养，第一级是接种从蝇箱内取出的诱卵碟，连卵和诱卵料一并撒在料的表面，并稍加覆盖，不能有卵暴露于外，以免干死，一级培养的培养料质量要好，最好是麦麸或畜粪加麦麸。培养2天，移种到第二级培养料中扩大培养。这时的幼虫已是第二龄，具有较强的生活力。如用畜禽粪便，接种前先配制好含水量70%左右的培养料，育蛆容器内培养料厚度以6厘米左右为宜，天热可薄一点，天冷则厚点，接种小蛆数量一般以刚将培养料吃完，幼虫达到老熟为度，表面可高低不平，以利于通气。若接种过密，由于虫口数量过大，培养料不够吃，就会造成幼虫大量外爬。过稀，则造成饲料浪费，费工，费料。一般每千克猪粪接种20 000只小蛆，其粪蛆转化率最高。

（3）饵料的添加：当室温在22～29℃时，饵料的添加可避免用料过厚增温过高所造成的幼虫逃逸和培养料下部发酵所造成的饵料浪费。饵料厚度夏季3～5厘米，冬季4～6厘米。

（4）种蝇蛆的选留：留种用幼虫培育要料多质好。在一定的温度条件下，培养料的质量直接影响着幼虫的生长速度和个体大小，幼虫的生长发育情况又决定着蛹的大小和成虫的性别。幼虫如果营养不良，蛹羽化后雄蝇多于雌蝇，影响繁殖率。

留种的幼虫培养到老熟时，连盘放到铺有厚3～5厘米、含水大约45%细黄沙的育蛆池内，将育蛆盘按同一方向垒放好，盘与盘之间要有缝隙。老熟幼虫要离开它的生活场所，寻找较为干燥、阴凉、疏松的场所化蛹，这时它从盘内向外爬，落在细沙上，钻入沙土中不食不动地化蛹。也可将蛆料用分离筛分离出老熟幼虫，放入沙土中待其化蛹。1～2天后，已全部成蛹，用筛将沙土筛去，取出蛹。再将蛹经16目筛筛去小蛹，留下大的，每克约50只以上者留作种用。

（5）保种：如果冬天不想养殖，更不想来年再驯化种，那就需要保种。简单的保种方法为：在9～10月份秋末时，用好粪料养殖出一批健壮的蝇蛆，并让其变蛹，全部变蛹后，不能让蛹外表有水分。找一个或几个塑料饭盒把蛹放进去，然后用膜把塑料饭盒密封。第一种方法可以把装蛹塑料饭盒放进电冰箱的冷藏室，保证温度在5～10℃，这种温度蛹不会死亡也不会孵化，来年室外温度上升到25℃以上时，取出放进蛆房中即可孵化；另一种方法可以把装蛹的塑料饭盒埋进井边1米以下的土中或用一条绳子掉在离井水1米的井中，来年室外温度上升到25℃以上时，取出放进蛆房中即可孵化。

四、蝇蛆病害的预防与控制

1. 天敌的防治

蝇蛆养殖要特别注意预防老鼠、蚂蚁、蟑螂、蟋蟀等敌害生物，特别是老鼠和蚂蚁的侵害。

2. 养殖过程中蝇害的防止

在生产中要严密封锁种蝇室与外界的联系，保证种蝇不能外逃；还要对废旧料及时处理，如利用密封、加热等方法杀死其中的幼虫和蛹，以防止造成污染。在苍蝇养殖过程中不可避免的会造成成蝇的外逃，因此及时在养殖室内消灭成蝇从而防止其扩散到外环境中尤为重要。

（1）苍蝇是传播疾病的害虫，是防疫、环保、卫生部门的主要消灭对象。因此，在饲养过程中必须制订一套完整有效的规章制度，杜绝所养殖的蝎、蛆飞出或爬出室外。要做到只见笼中有蝇而室内无蝇。蛆盘中有蛆，房内无蛆。

（2）所有贮料他、配料油都必须封闭加盖，杜绝外界的苍蝇在此产卵、繁殖。

（3）严格控制蛹的存贮，杜绝无计划地化蛹及蛹羽化为成蝇后外逃。

（4）禁止无关人员进入饲养室。工作人员需要换工作服后进入，防止带入致病菌。室内不能使用任何化学灭蝇剂。

（5）注意养殖场周围的环境卫生，杜绝粪坑、污水、垃圾的污染。

五、蝇蛆的采收与利用

蝇蛆是一种高蛋白、高脂肪、氨基酸含量比较全面的昆虫资源，被誉为“动物的营养宝库”，并可进行加工，使其具有更好的饲用。

（一）蝇蛆的采收

分离蝇蛆的方法有多种，以麦麸、酒糟、豆渣等农副产品下脚料为培养料的蝇蛆分离，可采用人工分离法、筛分离法、机械分离等。采用禽畜粪便作为培养料的可利用幼虫的趋干性和负趋光性进行自动分离。

1. 自动分离的优点

与传统的人工分离法、筛分离法、机械分离相比，蛆料的自动分离技术是一种全新的蛆料分离技术，它是根据蛆的生物学特性设计、研发出来的。进入分离程序以后，不需要光源、能源、机械，只需简单的装置和少量人工即可。

2. 自动分离的装置

自动分离所需的装置、材料很简单，只需有育蛆盆、育蛆架、集蛆漏斗、集蛆桶（图3–7）、黑薄膜、喷雾器、清水，就可以进行。

图3-7 集蛆桶

要实现蛆料的自动分离，在建造养蛆池时，要在养蛆池边角处设置集蛆桶（市售塑料桶，规格为 55厘米×35厘米×8厘米），桶身埋入地下，桶上口稍高出池底面，并在地面形成一定的坡度，老熟蛆即会爬出料堆，自行跌入集蛆桶。对于采用育蛆盒养殖蝇蛆的，可待蛆老熟时将蛆料倒入养蛆池内进行蛆料的自动分离。

3. 自动分离的方法

当蛆已老熟，蛆体微黄时，就可以着手进行蛆料的自动分离了。

（1）先将蛆盆中待分离的蛆连同培养料（畜禽粪便）翻盆，即用粪叉将育蛆盆内的培养料上下翻动，把上面的料翻到下面去，把下面的料翻到上面来。

（2）料翻好后用喷雾器喷水，培养料的表面要很潮湿。喷水加湿，让待在培养料中的蛆感到不舒服。

（3）将已加湿的蛆盆逐层放入分离架上。分离架的高度便于操作即可，一般可有6～10层。注意蛆盆要上下摆放整齐，这样分离的时候就不会出现上层蛆盆里蛆爬出来掉入下一层蛆盆里的情况，影响分离的效果。

（4）蛆盆摆放好后，将分离架外框的黑色塑料薄膜外罩拉起来关闭严密。

（5）分离室的温度保持在30℃左右。蛆料自动分离工作一般在下午4时以后进行。在这样的环境条件下，蝇蛆就会自动从畜禽粪便培养料中爬出来，纷纷落入分离架下端的集蛆漏斗，再落入位于集蛆漏斗下面的集蛆盆内（普通塑料盆即可，直径40～50厘米）。

（6）集蛆盆口装有防逃盖，以防止跌入集蛆盆的蛆再爬出来（防逃盖有倒翻出的边）。集蛆盆内的蛆可定期收集起来并及时处理备用。一般经24～36小时，蛆料自动分离就可以完成，蛆料的分离率可达90%以上。

（二）蝇蛆的利用

1. 蝇蛆的消毒

用粪料育蛆，蝇蛆带细菌比较多。活体蝇蛆在加工采用之前，必须对蛆体进行消毒灭菌处理。处理的原则是既要达到消毒灭菌的效果，又要不损伤蝇蛆机体。

（1）高锰钾溶液的消毒：首先将活体蝇蛆在清水中漂洗2次，除去蛆体上的污物；然后用开水烫死，或用0.001%的高锰酸钾溶液中3～5分钟即可捞起直接投喂于待食动物的食台上或作为动态引子拌入静态饲料中。

（2）病虫净药液的消毒：病虫净为中草药剂，其药用成分多为生物碱及醣苷、坎烯、脂萜等多种低毒活性有机物质，故在一定的浓度之内既可达到彻底消除蚓体内外的病毒、病菌及寄生虫，又可确保蝇蛆的自然属性不受很大的影响。

（3）吸附性药物消毒：将0.3%的膦酸酯晶体倒入3000毫升的饱和硫酸铝钾（明矾）水溶液中，进行充分的搅拌。待溶液清澈后，将清洗后的蝇蛆投入，浸泡1～3分钟。当观察到溶液中有大量絮化物时，即可捞出蚯蚓投喂水产动物，用该蚯蚓直接作饵料，具有驱杀鱼类寄生虫的效果。但该蚯蚓不得直接用于饲喂禽类，以防多吃后中毒。

2. 蝇蛆作为动物饲料

（1）喂鸡：用蛆喂养15日龄以上的小鸡，成活率基本达到100%，而且长得快，鸡肉口感好，肉质细腻。

蝇蛆从收蛆蛹中取出后，用消毒清洗后可直接喂鸡，用量可占到全部饲料的30%，如果将蝇蛆用开水烫死后饲喂，掺用量可占到40%。因蝇蛆中的蛋白质含量较高，其他饲料要以玉米粉、小麦麸等能量饲料为主，不必再添加豆粕、鱼粉类蛋白饲料。

在雏鸡阶段，每天加喂部分蝇蛆，每千克鲜蝇蛆可使雏鸡增重0.75千克，喂蝇蛆组的鸡开产日龄比对照组提前28天，产蛋量和平均蛋重都明显高于对照组。

在基础饲料相同的条件下，每只鸡加喂10克蝇蛆，产蛋率提高10.1%，每千克蛋耗料减少0.44千克，节约饲料58.07千克，平均每1.4千克鲜蝇蛆就可增产1千克鸡蛋，而且鸡少病，成活率比配合饲料喂养的高20%。

（2）喂鸭：可饲喂10日龄以上的雏鸭，喂量开始宜少，逐渐增加，最多喂至半饱为宜。以白天投喂较好，在傍晚投喂的宜在天黑以前喂完，以免吃蝇蛆后口渴找不到水喝，造成不安。喂饱的鸭不要马上下水，如食入过量，可按饲料的0.1%～0.2%喂服干酵母。

（3）喂冷水鱼：用鲜活蝇蛆来喂冷水鱼，可100%代替饲料，冷水鱼吃鲜蛆不但吸收快，长势好，不容易生病，利用率高，蝇蛆来源易得，而且不污染水源。由于鱼类摄食方式多为吞食，投喂的蝇蛆不可过大，否则鱼不能吞食，每次投虫量也不可过多，以免短时间内不能食完，出现虫子腐败现象。

（4）喂鳖：以蝇蛆饲喂出壳1个月的稚鳖，其体重平均每只增加4.53克，增重率平均为160.27%，而喂养鸡蛋黄的稚鳖平均每只增重1.2克，增重率平均为42.61%，前者是后者的3.8倍。

（5）喂蛙：用蝇蛆饲喂青蛙，其生长速度、成活率与黄粉虫喂养效果相同。

3. 蛆干的加工

将分离出来的鲜蛆及时用清水清洗，经开水煮沸后立即烘干或晒干即可，有条件者也可采用制干机。质量要求无霉烂、无杂质、无异味，颜色为淡黄色，含水分5%以下。

4. 蝇蛆饲料粉

蝇蛆饲料粉是将鲜蝇蛆经过冲洗干净后，将其烘干、粉碎后即可成为蝇蛆粉，可直接喂养禽畜和鱼、虾、鳖、水貂、牛蛙等，也可以与其他饲料混合，加工成复合颗粒饲料，可以比较长时间地保存和运输，容易为养殖动物食用。

5. 蛆粪的利用

蛆粪膨松、无臭味，是一种很好的生物有机肥料。蝇蛆处理1吨猪粪，可得蛆粪500千克。

（1）育蛆后的粪料处理：分离后的粪料内，往往还残留有少量的蛆和蛹，若不妥善处理，就会造成环境污染。处理方法是堆沤，选择排水良好的地方挖一个长方形的坑，把粪料倒入坑中，喷上消毒药水，盖上塑料薄膜，沤制半个月，可当肥料使用。

（2）蛆粪的利用

①制作有机肥：据试验，经蝇蛆处理后获得的蛆粪，是一种优质的有机肥。肥效长、无臭味、土壤改良效果明显，能克服连作障碍、防止土壤酸化，过量施肥，也不会对作物生长产生不良影响，可用于有机蔬菜的生产。施用蛆粪的作物，生长健壮、根系发达、发病少、落花、落果少，结实增加，果实品质优良。用于番茄，增产150%，果实充实、甘甜、货架期延长10～12天；用于甜瓜，糖度增加、货架期延长；用于甜椒，增产150%，甘甜，货架期延长；用于茄子，增产180%，货架期延长。

在1公顷地上施用20吨蛆腐殖质（蛆处理过的猪粪）的情况下，与施用全套化肥相比，燕麦增产20%，燕麦和豆类套种增产18%；与单施磷、钾化肥相比，燕麦增产57%，燕麦和豆类套种增产38%。施磷、钾化肥加蛆腐殖质的燕麦和豆类套种增产最为惊人，与施全套化肥比增产68%，与施磷、钾化肥比增产96%。

此外，用蛆处理猪粪，猪粪中原有的草籽被沤烂了，不再回到地里损害庄稼，用蛆腐殖质作肥料，土壤可摆脱使用化肥带来的板结、土地团粒结构退化等问题，提高了土壤肥力。蛆粪经化验，有机质19.8%，全氮2.3%，全磷2.65%，全钾1.83%，氮、磷、钾比较均衡，是花卉、蔬菜、瓜果理想的有机肥。不仅可增加产量，还能提高质量。经蛆处理后的畜禽粪便，臭味很快消失，减少了粪便的污染，净化了环境。

②养蛆再利用：我们可把蝇蛆吃剩下的全部粪料（最好是当天的）收集起来，堆成长方形或圆柱形堆状，堆的大小根据当天的蛆粪多少来定，一般高度1米左右，宽1.5米左右，长度不限；如果是圆柱形，堆的直径可为1～2米左右，高度以能堆稳不垮为度。养殖过蝇蛆的粪便比较干燥，这时我们可以加水调湿，每一吨粪用5千克EM生物活性菌兑水150～200千克（具体水的多少视蛆粪料的干湿度来定），在一边堆粪时，一边洒水，把粪料调整到湿度以60%左右为宜。调节好湿度，堆粪完成后，可盖上薄膜密封，3天后翻堆1次，7天就可再用于蝇蛆养殖中。如果有新鲜的鸡粪便，可在蝇蛆粪料中再渗入30%新粪料效果会更好。

③养蚯蚓：也可用蝇蛆粪来养殖蚯蚓，蚯蚓首先要选择好种源，目前最适合人工养殖，繁殖量高的品种主要是大平二号蚯蚓种。在种蚯蚓放养之前，我们做好充分的准备，把从蛆房里推出来的粪料，堆成长条状，宽2米，长不限，厚20厘米，如果有砖块，两边用砖块砌一下，挡住粪料，这样要规则一些，今后加粪料也要方便得多。堆料与堆料之间要留1米的操作道。料推好后，可引入蚯蚓安家。在放蚯蚓之前，还得做一个实验，首先放几条蚯蚓在粪料上，看其蚯蚓的反应如何，如果放上去的蚯蚓一个劲往边上爬，不往粪里钻，这说明粪料里有大量的毒气，这时不能放种，等粪料毒气自然或人为散发后再能放种蚓饲养。

第四章

田螺的培养技术

田螺泛指田螺科的软体动物，在我国大部地区均有分布，常见有中国田螺、北京田螺和中华圆田螺，主要作为水产养殖中的活体饵料。

一、田螺的生物学特性

1. 田螺的形态学特征

田螺（图4–1）由头部、足部、内脏囊、外套膜和贝壳等5个部分组成。田螺贝壳较大，贝质坚厚，边缘轮廓近菱形，中间膨胀。

图4–1　田螺

田螺体外有一螺壳，身体由若干螺层组成，最后一个螺层宽大。在壳轴的底部，螺层向内略凹的部位称为脐。在足的后端背面具有一个由足腺分泌的厣，当身体收入壳内时，由厣封闭壳口。

2. 主要生活习性

（1）底栖性：田螺喜栖息于底泥富含腐殖质的清洁水域环境中，如水草繁茂的湖泊、池沼、田洼或缓流的河沟等水体中。喜集群栖息于池边、浅水及进水口处，或者吸附在水中的竹木棍棒和植物茎叶的避阳面，也能离开水域短时生活。

（2）杂食性：田螺是以植物性为主的杂食性螺类，常以泥土中的微生物和腐殖质及水中浮游植物、幼嫩水生植物、青苔等为食，也喜食人工饲料，如蔬果、菜叶、米糠、麦麸、豆粉(饼)和各种动物下脚料等。

（3）逃逸性：田螺具有逃逸的习性，善于利用其特有的吸附力，逆溯水流而逃往他处，或是顺水流辗转逸走，所以养殖田螺应注意防逃。

（4）繁殖特性：田螺雌、雄异体，雌螺大而圆，雄螺小而长。外形上主要从头部触角区分：雌螺左右两触角大小相同且向前方伸展；雄螺的右触角短而粗，末端朝右内弯曲(弯曲部分即雄性生殖器)。

田螺是一种卵胎生动物，其生殖方式独特，田螺的胚胎发育和仔螺发育均在母体内完成。从受精卵到仔螺的产生，大约需要在母体内孕育1年时间。田螺为分批产卵，每年3～4月份开始繁殖，7～8月份是田螺繁殖旺盛季节。在产出仔螺的同时，雌、雄亲螺交配受精，同时又在母体内孕育次年要生产的仔螺。一只雌螺全年约产出100～150只仔螺。

3. 对环境条件的要求

（1）水体：田螺对水面要求不高，只要排注水方便，经常保持水质清新的湖泊、池沼、水田及沟港，养殖水深最好保持20～30厘米。冬季为了提高水温，可适当调节。水量不仅是田螺生活所需，也有防御敌害的作用。

田螺喜栖息于冬暖夏凉、土质柔软、饵料丰富的湖泊、河流、沼泽地和水田等环境，特别喜集于有微流水之处。当干旱时，它将软体部完全缩入壳内，借以减少体内水分蒸发；在寒冷期即钻入泥中呈休眠状态，一旦环境适宜时，将头足伸出壳外爬行。

（2）水质：田螺对水质要求较高，喜欢生活在水质清新、含氧充足的没有污染的河川、沟渠水域，特别喜欢群集于有微流水、水深30厘米左右的地方。因为这些水源水温适当，又含有丰富的溶氧和天然饵料。田螺对溶氧量较敏感，含氧量低于3.5毫克/升时摄食不良，含氧量低于1.5毫克/升时开始死亡。适宜pH值为7～8。

（3）土质：田螺基本生活于有腐殖质泥土的水中，腐殖质不仅是田螺的一种饵料，也可供其掘穴避开强光及过高、过低的温度。

（4）温度：田螺耐寒而畏热，其生活的适宜水温为20～28℃，水温15℃左右时，田螺开始摄食，20～28℃食欲旺盛。超过28℃，田螺就迁移到水生植物的阴影处，30℃时钻入泥中避暑。水温达到38℃以上时，如果没有遮荫防暑的设施，田螺往往会被烫死。水温低于15℃时，田螺潜入10～15厘米的洞穴中静止不动。温度降到8～9℃时冬眠。翌年春天，水温回升到15℃时，田螺从洞穴中出来活动。

二、田螺养殖前的准备

（一）养殖场地的选择

田螺适应能力强，疾病少，只要避开大量农药、化肥毒害，农村许多平坦的河渠、溪滩、坑、稻田、池塘等水体都可放养。

如开挖专池饲养则要选择水源方便、腐殖质土壤的地点修建池塘(如土壤不适宜，则最好先施放混合堆肥加以改良)。保持底泥厚度10～15厘米，面积大小不限。若是开阔的水体，池塘四周种植一些长藤瓜菜搭棚遮荫，水面可稀植茭白、芦笋、水浮莲、浮萍等供田螺隐蔽栖息。

（二）养殖方式的选择

1. 水泥池、土池养殖

选择水源充足、管理方便，既有流水又无污染的地方建专用螺池。

螺池宽1.5米、长10～15米、深30～50厘米，两池之间筑建20厘米高的堤埂以便行走，池底铺垫10厘米厚的肥泥。池中可稀植茭白、芦笋、水浮莲、浮萍等水生植物，给田螺遮阳避暑，攀缘栖息和提供饵料，提高螺池利用率。螺池周围筑高60～80厘米的围墙或网片围栏。

2. 池塘养殖

池塘水面较宽，水质较稳定，故在池塘中培育的田螺生长快、产量高。培育田螺的池塘，面积不宜过大，水也不宜过深。面积以1～2亩为宜，水深以40厘米左右为好。一些养鱼产量低的浅水池塘，改养田螺是最理想的选择。

池塘养殖时，先排干水，用石灰清除敌害，然后灌水7天，干涸1天，再灌入清水并放螺。

3. 水沟养殖

培育田螺的水沟，宽100厘米、深40厘米。可利用闲散杂地挖沟养螺，也可以利用瓜地、菜地及菜园的浇水沟养螺。若是新开挖的水沟，要修建排灌设施，使水能排能灌。

开好沟后，再用栏栅把沟分成沟段，以方便管理。埂面可种植瓜、菜、果、草、豆等经济植物。

4. 网箱养殖

在水面较大且深、水质较好的池塘，可架设网箱养螺。培育田螺的网箱，用20目的网片加工而成，网箱的面积可大可小，但网箱的深度要小于养鱼的网箱，以50厘米为宜。放养密度可稍大一些。

5. 稻田兼养

在种植稻谷的同时养殖田螺，不仅可以提高稻谷产量，还可以获得大量优质的商品田螺，而且投入少、效益高。

稻田兼养田螺，全年不涸水而湿润的稻田，最适合于田螺生活。稻田的有机肥料和杂草，能供田螺食用，在放养密度较大时，可补充投喂一些人工饵料。在水稻的荫蔽下，夏季能维持田螺生长。所以稻田养螺，是一种简易、省工的养殖方式，只是要注意尽量避免使用农药或使用高效低毒农药。

6. 鱼螺混养

养殖田螺可套养部分鲢、鳙鱼种或采取田螺、泥鳅混养方式。也可与1龄鲤鱼种混养，投喂鲤鱼的饲料，经在泥土中分解后，供作田螺饲料，但不宜与2龄鲤鱼混养，由于这种个体的鲤鱼会吞食田螺仔贝。有时为了提高名优水产品的产量，还可以与其他鱼类或水生动物混养，把田螺作为青鱼、龟、鳖饲养中的优质饲料。

（三）饲料选择与配制

1. 田螺的饲料种类

田螺为杂食性，在天然水域摄食水生植物及腐败有机质，人工养殖条件下喂养田螺的饲料分天然饵料和人工饲料2大类。

（1）天然饵料：天然饵料即为池水中的微生物以及有机物，主要有浮游植物、腐屑、青苔、青菜及有机碎屑等。

（2）人工饵料：人工饵料有糠饼、蔬菜叶、豆饼、麦麸、鱼粉、瓜果皮、浮萍、米糠、鱼杂和其他动物内脏等。

在高密度的饲养条件下，天然饵料是不能满足田螺的摄食需要的，必须补充投喂人工饲料。畜禽的粪便、稻草等有机肥料，也可用来饲养田螺。

2. 饲料参考配方

（1）幼螺期饵料配方

配方一　玉米20%，鱼粉20%，糠60%。

配方二　炒黄豆粉25%，玉米面25%，麦麸皮20%，米糠20%，骨粉10%。

（2）生长期饵料配方

配方一　细米糠、麦麸各25%，骨粉15%，黄豆粉（炒熟）、玉米粉各15%，细青沙4.5%，食糖0.2%，食盐0.1%，土霉素粉0.2%。

配方二　黄豆粉（熟）、白豇豆粉、蚕豆粉（熟）、绿豆粉、玉米粉、细米糠各10%，蛋壳粉7%，氢钙粉1.5%，土霉素粉、食母生粉各0.2%，食糖1%，食盐0.1%，麦麸20%，河沙10%。

（3）成螺期饵料配方

配方一　米糠60%，麦麸25%，豆粉15%的比例即成田螺的上等饲料。

配方二　玉米粉、麸皮各30%，豆粕20%，米糠10%，淡鱼粉4%，酵母粉2%，骨粉4%。

三、田螺的饲养与管理

（一）引入种源

1. 种螺来源

每年6～9月份是田螺大量产卵繁殖期。

种苗可从池塘、沟渠、水田等地人工拣拾，也可到市场购买商品成螺，从中挑选体重为15～20克的螺做种。但以拾获的为好，拾获的螺种既新鲜、活力强，又可节约购种费用。

2. 选种

螺种以选择个大、外形圆、肉多壳薄、壳色淡青、螺纹少、头部左右触角大小相等者为佳。体重15～25克的田螺便达性成熟，在温度15℃以上便可繁殖。

（二）放养繁殖

种螺放养最好在田螺繁殖前期完成。

1. 消毒

放养螺种前，要对水体进行消毒处理。小土池、池塘、水沟等场所，使用生石灰用量为1175～1500千克/亩，使用时，先将生石灰在小池中化开，马上全池泼洒，7～10天后药性消失；漂白粉用量为50毫克/升，即将漂白粉加水溶解，迅速全池泼洒，药效时间为5天；茶籽饼用量为400～600千克/亩，使用时，加水浸泡24小时，连渣一起全池泼洒，药效时间为10～30天。待药效消失后即可放入种螺。

2. 施肥

在放养幼螺前，每100平方米施用100～150千克的经发酵的腐熟堆肥。

3. 投种

田螺的最适生长温度为20～28℃，若低于15℃或高于30℃时，田螺便停止摄食，10℃以下便入土冬眠。因此，长江以南大部分地区3～11月份均可放养，若在自然区域内放养，每平方米投入20～30个种螺即可（雌雄比例8∶2）。如果挖水池单一养殖，每平方米可放100～150个，水层深度以0.8～1米为宜，池底保留一层10厘米以上的淤泥，便于田螺爬行、取食、栖息等，放养时雌雄螺一起放养，即可自然繁殖。

（三）日常饲养与管理

1. 饲喂

自然水域中粗放的养殖方式，只需保持水体肥度，每隔一段时间施放适量的厩肥、鸡粪、牛粪、猪粪或稻草等有机肥料即可满足田螺生长需要。

在高密度精养情况下，则必须投入工饵料。根据田螺吃食情况和气候情况，在生长适宜温度内(即20～28℃)，田螺食欲旺盛，可每 2 天投喂1次，每次投饲量为体重的2%～3%。水温在15～20℃，28～30℃幅度时，每周投喂2次，每次投给1%左右。当温度低于15℃或高于30℃，则少投或不投。

田螺放入池后，投喂青菜、米糠、甘薯、蚯蚓、血粉、玉米、豆饼、鱼虾杂碎及动物内脏、下脚料等。应先将菜饼、豆饼等固体饵料泡软，青菜、鱼虾、动物内脏剁碎，再用米糠或豆饼、麦麸搅拌均匀后分散投喂。

2. 水体管理

（1）田螺在水中靠鳃呼吸，田螺在每升水溶氧低于1.5毫克时或水温超过40℃时就会死亡。高温季节加大水流量，以控制水温升高和保证水体溶氧充足。严禁流入受农药、化肥污染的水源。平时采取微流水形式，保持水位在30厘米左右。

（2）田螺的生长发育与养殖池中泥土的关系极为密切，尤其与泥土的酸碱度和氨、氮的含量密切相关。因此，应根据田螺养殖池中泥土的具体情况，采取相应的措施。

①若测定泥土中pH为3～5，每100平方米池中应撒入15～18千克生石灰，间隔10天后再撒第2次。

②若测定泥土中pH值为8～10，则每100平方米池中施入5～6千克的干鸡粪，每隔10天施1次，连续施2～3次。

③若测定泥中有氨、氮溶存时，每100平方米池中施入

6千克啤酒酵母可以消除泥土中的氨、氮。5～6月份水温达到20℃以上时，可将啤酒酵母踩入泥土之中，其用量可以减半。

（3）混合堆肥是泥土的改良剂。每100平方米池中可施入100～150千克堆肥，以改良泥土。但堆肥必须是腐熟的，不然的话，它会产生大量的有害气体而抑制微生物的繁育，从而影响田螺的生长发育。

（4）为了促进田螺快速生长，在春、秋季田螺摄食旺盛的高温季节，要经常注入新水，做到勤换水，最好是采用活水灌池，在半流水方式中养殖，池内还可以养水生植物，以利田螺遮荫避暑。

（5）防逃：田螺经常从进、出水口和满水的田埂处逃逸，因此要经常检查拦网是否破损，暴雨天气要注意疏通排水口，防止田水过满甚至田埂倒塌。

（6）田螺对农药、除草剂、石油类和工业污水很敏感，应做好防避工作。

（7）要注意环境卫生，勤除敌害，及时捞出残饵。

3. 巡塘

要坚持每天巡塘，观察动态、池水变化及其他情况，发现问题及时解决。

4. 季节管理

（1）冬季管理：8～10月份中旬为冬眠前作准备，早期食欲渐盛，积贮养料，准备冬眠。进入冬眠前，其食量减少，以每周投喂2次饲料为宜。当水温下降到8～9℃时，田螺开始冬眠，冬眠时，田螺用壳顶钻土，只在土面留下圆形小孔，不时冒出气泡呼吸。田螺在越冬期不吃食，但养殖池仍需保持水深10～15厘米。每3～4天换1次水，以保持适当的含氧量。

①干法越冬：当水温降到12℃左右时，将田螺捞出，用净水冲洗后放在室内晾干。在晾干过程中螺即排放粪便，不遇水不再出来活动。3～5天后剔除破壳螺和死螺，然后装入纸箱。装箱应放一层螺，垫一层纸屑或刨茬，然后捆好，放在 6 ～15℃的通风干燥处越冬。越冬过程中切忌受冻害，待来年水温回升到15℃以上时，把螺放回水中，螺即开始活动和觅食。

②薄膜覆盖越冬：冬天水温降到12℃以下时，池面上应用塑料薄膜覆盖。晴天阳光充足时，放浅池水（10～15厘米），以利提高温度，晚上加深水位50厘米以上，以利保温。一般3～4天换 1 次水，以保持适当的含氧量，同时要防止鼠等天敌危害田螺。冬眠后开始醒来时前 1 星期开始投喂有机肥料。南方越冬期若水温多在15℃以上，要适当投喂饲料。若水温经常在20℃以上，要加强水质管理和投饵管理。

（2）夏季管理：春季在养殖池内种植水生植物，以利田螺在高温季节遮荫避暑。在高温季节，可采用活水灌池，以降低水温，增加溶氧。也可加大水深，降低水温。水温高于30℃时，可不投饵。

四、田螺病虫害的预防与控制

田螺在野生环境自然栖息时，发病率极低，但在人工养殖情况下，成活率高，但也会发生疾病。

（一）田螺疾病的预防

1. 用具消毒

（1）用5%的漂白粉浸泡用具10分钟。

（2）用浓度为20×10^{-6}的高锰酸钾浸泡用具10～20分钟。

2. 螺体浸洗消毒

（1）用10～20毫克/升的高锰酸钾溶液浸泡10～30分钟。

（2）用10毫克/升的漂白粉溶液浸泡10～20分钟。

（3）用6毫克/升的硫酸铜溶液浸泡10～30分钟。

（4）每千克清水用含青霉素40～50国际单位和链霉素20国际单位的溶液浸泡30分钟。

3. 饲料消毒

（1）先用水洗干净，用浓度为8×10^{-6}的漂白粉浸泡20分钟。

（2）用浓度为15×10^{-6}的呋喃唑酮浸泡10分钟。

（二）常见病害防治

1. 缺钙症

（1）病因：进食饲料单一，引起缺钙。

（2）症状：田螺其厣收缩后肉质溢出于外面者或软厣。

（3）防治：在饵料中渗入贝壳类的粉末。

2. 侵袭性疾病

（1）病因：蚂蟥叮咬。

（2）症状：自然状态下感染率不高，在人工养殖中如有病原带入，则感染率很高，严重的常出现空壳，对田螺的生长和摄食具有较大影响。

（3）防治：用浸过猪血的草把诱捕蚂蟥有良好的效果。

3. 缺氧症

（1）病因：由于水体没有及时更换，水体中NH_3、H_2S积聚过多，伴随水体缺氧，NH_3、H_2S逐渐渗入螺体体内，进入血液循环，使血液载氧力下降所致。

（2）症状：种螺入池后，长时间漂于水面，体质衰竭，数天后死亡。

（3）防治：立即更换大部分新水，改善载体环境，部分轻微可获救。

4. 萎瘪病

（1）病因：寄生虫严重感染、饲料严重缺乏、放养密度过大等。

（2）症状：机体严重消瘦，体质虚弱，其厣深入螺壳内面者。

（3）防治：因寄生虫感染，可参照寄生性和侵袭性疾病中处理；由于饲料严重缺乏，可强化投喂。

5. 温浊病

（1）病因：池水过度温浊。

（2）症状：田螺会停止摄饵，且分泌大量的黏液，有时会导致幼螺死亡。

（3）防治：避免浊水进入池中。

6. 细菌及病毒性疾病

（1）病因：苗种在采集、运输、贮养及养殖过程中管理方法不当，导致螺体质下降和生理失衡，降低了对病菌的抵抗力和免疫力，从而引起病毒及细菌性疾病的发生。

（2）症状：螺软体体表呈弥漫状或点状充血；表皮圆印状破损溃烂；腹部肿大发炎；头部破损、发炎等。

（3）防治

①保持良好的养殖生态环境是杜绝这类疾病发生的根本途径，同时，当疾病发生后，充分改善恶化的养殖环境，具有极佳的治疗效果。

②每10天施用1次“双益”3号和“双益”2号药物，皖龙3号每次连续3天，即可达到积极预防效果。

（三）天敌的防范

田螺的敌害主要有鸭、鹅、水鸟和老鼠等都会吃食或伤害田螺，要采取措施，防止它们的危害，尤其要特别防止鸭进入池内。

另外，混养时不宜放养青、鲤、罗非鱼和鲫鱼等肉食或杂食性鱼类，以免伤害田螺。

五、田螺的采收与利用

（一）田螺的采收

1. 捕捞

捕捞应分期分批进行。6月上旬、8月中旬和9月下旬是繁殖高峰期，应避开这3个高峰期捕捞。捕捞时，要选留60%左右的大个体螺做种螺，为翌年繁殖仔螺做准备。

田螺捕获的方法除用手伸入池中捞取外，也可用手抄网捕获。网的直径为20厘米，网目2.8厘米，捕捞时可让个体小的漏网于池中继续养殖。

采收田螺时，采取捕大留小的办法，有选择地摄取成螺，留养幼螺和注意选留部分母螺，以做到自然补种，以后无需再投放种苗。

2. 运输

田螺的运输很简便，可用普通竹篓、木桶等盛装，也可用编织袋包装，运输途中只要保持田螺湿润，防止暴晒即可。

（二）田螺的利用

在养殖期间，除留作种用的田螺外，其他田螺根据需要适时采收投喂鸭、甲鱼、黄鳝、蛙、河蟹、虾、水蛭、蟾蜍等。喂鸡时如果螺体较大需粉碎后饲喂。

第五章

福寿螺的培养技术

福寿螺又名苹果螺、美国螺，是人工养殖特种水产品，如甲鱼、黄鳝、牛蛙、河蟹、虾、水貂等最佳的动物性高蛋动物饲料之一。该品种自引进我国养殖后，表现出明显优势，但近些年由于养殖者的管理不当，大田或河道中出现了大量的福寿螺，目前已成为危害物种之一，因此，在养殖过程中应注意防逃工作。

一、福寿螺的生物学特性

1. 福寿螺的形态学特征

福寿螺一生要经过卵、幼螺、中螺、成螺4个时期。

（1）卵（图5–1）：福寿螺卵圆形，卵径2毫米左右。卵粒相互粘连成块状，每块含卵100～600粒，初产卵块呈鲜艳的橙红色，在空气中卵渐成粉红色。卵孵化期为7～14天。

（2）幼螺：刚孵出的幼螺，壳顶部呈红色，螺体层呈黄色，有1～2个螺层。仔螺孵出后，自动掉入水中，当螺顶由红色变为黑色时，便开始吃食。幼螺的生长十分迅速，在水温28℃左右，优质饲料条件下，经45天体重可达20克左右，为刚孵幼螺体重的4750倍左右，经150天体重可达125克左右，为刚孵幼螺体重的31 250倍左右。

图5-1　福寿螺卵

（3）中螺：幼螺经30天左右的喂养，个体可达5克，即进入中螺期。

中螺期生长快速，在较好的养殖环境条件下，6个月后其个体体重就可达80克。幼螺经4个月的饲养即可成熟产卵。

（4）成螺（图5-2）：福寿螺繁殖率高且能生存2～6年。在常年有水的植物丛中，雄虫1天能交配3～4小时。雌虫1个月能产1000～1200粒卵。螺壳呈棕色，肉呈金黄色。个体大小取决于食物的利用程度。

图5-2　福寿螺成螺

2. 主要生活习性

（1）适应性强：福寿螺为水生螺类，水是其生活的主要环境。在饲养过程中，要保持水质清新，切忌饲水过肥，切忌接触硫酸铜及其制剂。受农药、石油类和有毒的工业污水污染后，会发生死亡。水质的pH值宜保持在6～8。若能经常更换部分新水或微流水，使溶氧量在6毫克 / 升以上，更有利于福寿螺生长，从而提高产量。

福寿螺喜生活在清新洁净的淡水中，常集群栖息在水域的边缘浅水处，或吸附在水生植物的根茎叶上。福寿螺若生活在较浅的水域中，则栖息在水的底层。

（2）食性杂：福寿螺为杂食性，食物的构成随着发育程度而变化。在天然环境下，刚孵出的小螺以吸收自身残留的卵黄维持生命，卵黄吸收完毕前，摄食器官初步发育完善，便转食大型浮游植物。在人工养殖环境下，食物的构成主要是以人工投饲为主，天然饵料为辅，幼螺食青草、麦麸等细小的饲料，成螺主食水生植物、动物尸体及人工投饲的商品饲料。苦草、水花生、浮萍、凤眼莲、青菜叶、瓜叶、瓜皮、果皮、死禽、死鱼、烂虾、花生麸、豆饼、米糠、玉米粉及少量的禽畜粪肥、腐殖质等都是可以用来喂养种螺。福寿螺对受污染、有化学刺激性的以及茎、叶长有芒刺的植物等饲料有回避能力。投放浮萍等水浮性饲料的作用是有利于螺体附着，浮于水面活动。

福寿螺的食性虽广，但其对饲料有一定的选择性。在人工养殖的情况下，幼螺喜食小型浮萍，成螺喜食商品饲料，若长期投喂商品饮料后突然转投青料，它便会出现短期绝食现象。在极度饥饿的情况下，大螺也会残食幼螺及螺卵。福寿螺夜间摄食旺盛，小食物吞食，大食物先用齿舌锉碎，尔后再吞入。

福寿螺的摄食强度，一是易受季节变化影响，水温较高的夏、秋季摄食旺盛，水温较低的冬、春季，摄食强度减弱，甚至停食休眠；二是容易受水质条件影响，在水质清新的水体中，其摄食强度大，水质条件恶劣时，摄食强度小，甚至停食。

（3）运动方式：福寿螺的运动方式有2种，一是靠发达的腹足紧紧地黏附在池底或附着物上爬行；二是吸气后漂浮在水面上，靠发达的腹足在水面作缓慢游泳。因此，福寿螺摄食方便自如。

（4）喜阴怕阳光直射：福寿螺害怕强光，白天较少活动。每当黄昏以后，便在水面游动觅食。

（5）逃逸性：福寿螺具有逃逸的习性，可在进、出水口四周直铺塑料布作为拦螺设施，以防逃螺。还可以在池塘四周撒上石灰等碱性物质，形成碱性防逃带，防止逃螺现象的发生。

（6）繁殖特性：福寿螺为雌、雄异体，雌螺往往大于雄螺。在生殖季节，由于雄螺频繁地与雌螺交配，因而雄螺的寿命一般只有2～3年，而雌螺的寿命可达4～5年。

在良好的饲养条件下，雄螺长到70天左右，雌螺100天左右达到性成熟，即开始交配。每年3～11月份为福寿螺的繁殖季节，其中6～8月份是繁殖盛期，适宜水温为18～30℃。

3. 对环境条件的要求

（1）水体：福寿螺要求水质清新，无敌害，水深20～

30厘米以上的稻田、鱼池、水凼、沟渠、低洼地等。福寿螺喜栖于缓流河床及阴湿通气的沟渠、溪河及水田等新鲜清洁的水中，对水质的溶氧量非常敏感。

水质的好坏主要反映在溶氧、酸碱度、盐度和水中污染量等几个方面。

①溶氧量：福寿螺对水中溶氧量较敏感，水中溶氧量越高，生长得越好；当溶氧量低于3.5毫克/升时，就停止摄食；当溶氧量降至1.5毫克/升时即死亡。

如果利用泉水或井水养殖福寿螺，需要采取一些增氧措施：将泉水或井水先抽上贮水塔，再由高处冲下而吸收空气中的氧气后灌入养殖池中。挖掘注水水沟，使注水经过较长的流程而充分地暴露在阳光和风吹之下，以增加水与空气的接触从而增加水中溶氧量。

在产卵、养殖密度过大、水中缺氧及食物不足等情况下，福寿螺就会爬出水面。

②酸碱度：当pH为7时最好，适应范围在6～9，过酸、过碱都会造福寿螺的死亡。

③盐度：福寿螺是淡水动物，水中含盐量超过3‰时，福寿螺就会死亡。当水中含盐量低于1‰时，福寿螺才能正常生活。

④水污染：福寿螺对农药、石油类和有毒性的工业污水、过碱的水（如石灰水）都很敏感，对没有经过氧化去氯的自来水也极为敏感，尤其是幼螺。

若生活环境的水质清新，福寿螺的活动能力强；当水质开始恶化时，大螺就浮出水面，基本停止活动，小螺则因其对环境变化的适应能力差，很快就会死亡。

（2）水温：适宜温度为25～32℃，此时福寿螺摄食量大，生长最迅速，卵块孵化也快。超过35℃生长速度明显下降，生存最高临界水温为45℃，低于18℃停止产卵，15℃以下不大活动，5℃以下沉入水底进入休眠状态，长时间3℃以下死亡。

福寿螺对环境温度的变化十分敏感，喜欢在温暖条件下生活。在水温较高的夏、秋2季，福寿螺摄食旺盛；在水温较低的冬、春2季，福寿螺摄食强度减弱，甚至停食而进入休眠状态。

二、福寿螺养殖前的准备

（一）养殖场地的选择

福寿螺的养殖场所应选择在水源良好、排灌方便、阳光充足、环境安静的地方，其面积可根据生产规模的大小来确定。

福寿螺的繁殖场所需要设产卵池（沟）、孵化池（沟）和育苗池（沟），面积大小要适中，以便于操作，方便管理。

种螺培育池（兼作产卵池）可为土池、水泥池、沟渠等。为了操作、管理方便，池子的面积不宜过大，池（沟）的长度可以不限，但宽度以100厘米左右为好。池（沟）的水位宜浅不宜深，以30～50厘米最为合适。若池（沟）的底部为水泥，需垫一层浮泥，厚度3厘米左右。

（二）养殖方式的选择

福寿螺的养殖一般采用单养法。目前螺的养殖方式有水泥池精养、小土池精养、池塘养殖、水沟养殖、网箱养殖等。

1. 水泥池养殖

福寿螺在水泥池中精养，单位面积产量高，好管理。如果水泥池较多的话，还可以实行分级饲养。第一级饲养1个月，把幼螺养至体重25克左右；第二级再饲养1个月，把25克重的幼螺培育至50克左右；第三级饲养时间可长可短，把50克重的中螺培育成100克以上的大螺。水泥池精养的放种密度可依据种苗的大小和计划产量而定。一般来说，每平方米以放养1千克幼螺为宜，最终收获密度（即计划产量）应控制在10千克以下。

每个水泥池长5米、宽2米、深0.6米，排灌方便。水泥池底铺20厘米厚的掺有一定沙的塘泥。水面上栽种水葫芦等水生植物，面积占水面的30%～35%，以供螺体栖息、避暑和防寒，同时为福寿螺提供天然饲料。新建的水泥池要先浸泡10～15天，然后换水养螺，水深以0.3～0.5米为宜。在成螺水面中多插一些竹木条，为雌螺提供产卵场所。进、排水口要拦挡密眼网，以防止螺随水漂走。

2. 小土池养殖

小土池长3～5米、宽2米、深0.6米，排灌方便。

福寿螺在小土池中精养，成本低、单产高、管理方便。小土池精养也可以采取分级饲养的方式，具体分级的多少，应因地制宜。若只有一个土池，就不必分级了。小土池的放种密度应适当少于水泥池精养的放种密度，最终收获密度（即计划产量）应控制在3.5千克以下。小土池精养的福寿螺的生长速度比水泥池精养方式稍快，换水次数可少于水泥池精养方式，水质管理容易。

3. 池塘养殖

池塘水面较宽，水质较稳定，故在池塘中培育的福寿螺生长快、产量高，每亩可产5000千克以上。

培育福寿螺的池塘面积不宜过大，水也不宜过深。面积以300～600平方米为宜，水深0.5米左右，池埂要求高出水面30厘米以上。进、排水口处安置好拦网，防止敌害生物进入及成螺外逃。在池面上要投放一些浮性水生植物，如水浮莲、水葫芦等，面积不超过水面的1／3，这样既可防暑、御寒，又可调节水质，提供饲料。一些养鱼产量低的浅水池塘，改养福寿螺是最理想的选择。池塘培育福寿螺的密度可大可小，每亩放种5万～10万只幼螺，1次放种，多次收获，捕大留小，同时让其在池塘中自然繁殖，自然补种。

4. 水沟养殖

培育福寿螺的水沟，宽为100～400厘米、深为50厘米。可利用闲散杂地挖沟养螺。若是新开挖的水沟，要修建排灌设施，使水能排能灌。开好沟后，再用栏栅把沟分成沟段，以方便管理。基面可以种植瓜、菜、果、草、豆等经济植物。水沟培育福寿螺的放养密度，可以参照小土池精养方式的放养密度。

5. 网箱养殖

在水面较大且深、水质较好的池塘，可架设网箱养螺。由于网箱环境好、水质清新，故螺生长快、单产高。网箱养螺还有易管理、易收获等特点。培育福寿螺的网箱，用20目的网片加工而成，网箱的面积可大可小，但网箱的深度要小于养鱼的网箱，一般以50厘米为宜。放养密度可比水泥池精养的放养密度稍大一些。

（三）饲料选择与配制

1. 福寿螺的饲料种类

福寿螺采食种类多，动植物饲料都能吃。

（1）动物性饲料：动物性饲料主要为水产品加工厂、屠宰场、肉品加工厂等的产品或副产品，如鱼粉、血粉、肉骨粉和各种动物内脏、下脚料等。这类饲料是优质的动物性饲料，作为配合饲料的主要蛋白饲料，如鱼粉在配合饲料中的比例占得较大，动物内脏作为辅助性饲料用。

（2）植物性饲料：植物性饲料主要是以水生维管束、陆生双子叶植物为主，对受污染、有化学刺激性的、茎叶长有芒刺的植物能够自动回避，单子叶植物不吃。

①水生维管束植物：水生维管束植物依次为水花生、紫背浮萍、芜萍、浮萍、满江红、水浮莲、水葫芦、水蕹菜、牙舌草等。

②陆生植物：陆生植物依次为莴苣叶、甘蓝、小白菜、牛皮菜以及瓢儿白、野韭菜、红苕叶、南瓜叶等植物的茎叶。

③其他饲料依次为麦麸、米糠、南瓜、佛手瓜等瓜类，红苕和茄子、花生叶以及畜禽内脏、死鱼、蚌壳肉等。

2. 饲料参考配方

（1）幼福寿螺饵料配方

配方一　玉米面20%，炒黄豆粉20%，米糠20%，麦麸皮

20%，骨粉10%，酵母粉9%，微量元素1%。

配方二　麸皮25%，玉米粉25%，豆粕23%，米糠22%，淡鱼粉3%，酵母粉2%，加少许多维素、微量元素及生长素。

（2）福寿螺生长期饵料配方

配方一　玉米粉40%，麸皮25%，豆粕15%，米糠13%，骨粉3%，淡鱼粉2%，酵母粉2%。

配方二　米糠70%，粗面粉10%，小麦粉10%，蚕豆粉5%，马铃薯粉5%，加少许钙粉。

配方三　麦麸皮30%，细谷糠（细稻糠）25%，黄豆粉（炒熟）20%，玉米粉15%，蛋壳粉7%，酵母粉、微量元素添加剂、维生素添加剂各1%。

配方四　麦麸20%，河沙、黄豆粉（熟）、白豇豆粉、蚕豆粉（熟）、绿豆粉、玉米粉、细米糠各10%，蛋壳粉7%，钙粉1.5%，食糖1%，土霉素粉、食母生粉各0.2%，食盐0.1%。

（3）福寿螺繁殖期饵料配方

配方一　麦麸皮、蛋壳粉各15%，黄豆粉（炒熟）、蚕豆粉（炒熟）、绿豆粉、玉米粉、细谷糠、细稻糠各10%，钙粉7%，土霉素粉、酵母粉、维生素添加剂各1%。

配方二　麦麸皮25%，细谷糠或细稻糠20%，玉米粉、黄豆粉（炒熟）、蛋壳粉各15%，钙粉5%，蛋氨酸、微量元素添加剂、维生素添加剂、土霉素粉、酵母粉各1%。

（4）福寿螺成螺饵料配方

配方一　鱼粉60%，米糠30%，麸皮10%。

配方二　鱼粉50%，花生饼25%，饲用酵母粉2%，麦麸

10%，小麦粉13%。

配方三　血粉20%，花生饼40%，麦麸12%，大麦粉10%，豆饼15%，无机盐2%，维生素添加剂1%。

配方四　蛹粉30%，鱼粉20%，大麦粉50%，维生素适量。

三、福寿螺的饲养与管理

（一）引入种源

1. 种螺的选择

种螺可从市场上购买，也可从有福寿螺的田地、池塘、河流里直接拾取。

种螺宜选择4月龄以上，其个体重要求在30～50克以上，螺壳完整无损（外壳被碰破的种螺很容易死亡）的种螺为好，这样的福寿螺能够保证产卵、孵苗的数量和质量。

选择时还应注意雌、雄螺的配比，一般以（4～5）：1为宜。

雌、雄螺外观差异不大，幼螺阶段难以鉴别，成螺最明显的区别如下：

①相同饲养条件下，同龄螺中雌体比雄体大。

②同龄的雌螺身扁，整个厣向内凹陷，螺口呈直形生长。雄螺壳口呈喇叭形，厣的中部向外凸起，呈扁桃形（图5-3）。

③3～4厘米的螺体，螺壳呈透明状态时，雄螺第一螺层中部右侧，有一淡红色点为精巢，雌螺没有。

图5-3　成螺的鉴别（左：雌螺；右：雄螺）

2. 种螺的运输

种螺选好后，要小心地运至繁殖的场所。

运输时使用通风透气的竹箩装运，装种螺前先在箩底垫一层水浮莲，然后放一层种螺，再放一层水浮莲放一层种螺，依此装法，层层相叠，以减少种螺之间的碰撞机会。若需要长途运输，应在途中定时洒水，以保持螺体湿润。

（二）放养繁殖

1. 清整养殖环境

在种螺放养前，应先排去池（沟）中的旧水，进行清洁处理，然后注入新水，移植一些浮萍等水生植物（水生植物的密度不超过水面的 1 /3，最好用竹竿拦成行；水沟的水生植物，可分段移植，每段移植一些，用竹竿拦好，其面积不超过总水面的50%为宜），并在池（沟）中插一些高出水面30～50厘米的竹片、树枝作为成螺附着交配和产卵的场所。

2. 养殖场所的消毒

放养螺种前，要对繁殖场所进行消毒处理。消毒时养殖面积小可干塘消毒，养殖面积大可带水消毒。

（1）生石灰：将池水放掉，只留5～10厘米积水，在池底挖若干个小坑，将生石灰分别放入小坑中加水溶化，不待冷却即向池中均匀泼洒。生石灰用量为每亩60～75千克。使用生石灰后的第二天，用铁耙耙动池底，使石灰浆与淤泥充分混合。如果池水不容易更换时，也可带水清塘消毒，即不放池水，将溶化好的生石灰浆全池泼洒。每亩平均水深1米用125～150千克生石灰。

（2）漂白粉：排干池水，每亩用有效氯占30%以上的漂白粉4～5千克。未排水的池塘，每亩每米水深用有效氯占30%以上的漂白粉12～15千克。使用时，先将漂白粉放入木盆或搪瓷盆内，加水稀释后进行全池均匀泼洒。

（3）漂白精：排干池水，每亩用有效氯占60%～70%的漂白精2～2.5千克。未排水的池塘，每亩每米水深用有效氯占60%～70%的漂白精6～7千克。使用时，先将漂白精放入木盆或搪瓷盆内，加水稀释后进行全池均匀泼洒。

（4）鱼安：每立方米水体用鱼安6～7克，加水溶解后，全池泼洒。

（5）茶饼：将新鲜茶饼砍削成小块，用热水浸泡一昼夜后，全池均匀泼洒。每亩每米水深约用25千克。

（6）巴豆：每亩池塘用巴豆 5～7.5千克。将巴豆浸水磨碎成糊状，装进酒坛，加烧酒100克或食盐0.75千克，密封3～4天。将池水放掉，只留10厘米左右积水，用池水将巴豆稀释后，连渣带汁全池泼洒。10～15天后，再注水1米深，待药性彻底消失后再放养。

使用上述药物后，池水中的药性需要经7～10天才能消失。放养福寿螺前最好“试水”，确认池水中的药物毒性完全消失后再放种。

3. 种螺的放养

单养福寿螺，每平方米放40个左右的种螺为好，雌、雄螺放养比例为（4～5）：1。

4. 交配、产卵

种螺饲养3～4个月后，达到性成熟，便可自行交配繁殖。

（1）交配：福寿螺与田螺不同，福寿螺是雌雄交配后产卵。孵化后雄螺长到70天左右，雌螺100天左右，性腺已成熟，即开始交配。水温低于18℃时，交配就停止。

（2）产卵：福寿螺是卵生动物，在交配后3～5天开始产卵。

由于种螺产卵要有附着物，因此种螺池四周留些杂草或在池中插上小竹片、小木条，每平方米插2～3片。在选用水泥池时，水面上要留有20厘米左右池壁供种螺爬附产卵。福寿螺一般在离开水面15厘米以上的干燥处夜间产卵。

福寿螺一次受精可产卵几次到近10次。水温在18℃时，每月产1次卵；30℃时，7～10天就可产1次卵。6、7、8月份为产卵盛期，此时期产卵间隔期短，产的卵块大。

（3）卵块的收集：每年3～11月份，种螺交配后3～5天，雌螺晚上爬离水面，在植物的茎叶、池（沟）壁或竹竿上产卵，产卵持续时间为40～80分钟，卵块呈红褐色条块状。雌螺产卵后，便缩回腹足，自动掉入水中。

为了提高孵化出苗率，种螺产卵后应进行收集放入孵化池中集中孵化。收集卵块的时间不宜过早和过晚，过早卵块太软，不容易剥离；过晚胶状物凝固，会损坏卵粒，一般在产后的第2天，约10～20小时，胶状黏液尚未完全干时，便可以轻轻地将卵块收集起来。

5. 孵化

孵化的方式有 2 种，即自然孵化和人工孵化。孵化时，若空气湿度为80%～90%，温度为25～30℃，7～14天就能孵化出幼福寿螺。

（1）自然孵化：卵块收集后，根据卵块数量选用孵化盆等容器，在容器内盛水10～15厘米，并放入少量的浮萍，放置在高出水面10厘米左右处，放置铁丝网或竹制网架，网目6厘米，把卵块放在置卵架上即可孵化。上面盖上稻草、塑料薄膜等遮盖物，以防阳光照射和雨淋。放置卵块时应注意，只能平放一层，不要堆在一起。每天收集的卵块要分开放置。

幼螺的孵出时间随着气温高低而变，当气温高时，孵出的时间短；当气温低时，孵出的时间就长。孵化的适宜温度为28～30℃，孵化期约7～14天。温度低于18℃，则不能孵化。高于30℃，孵化期缩短，孵化率降低，恒温有利于孵化。孵化期间可采用孵化箱、暖房或热水孵化，以便控制水温，但要及时更换新水。

福寿螺的幼体在卵壳中发育，无幼螺期，孵化出的幼螺已成福寿螺的样子。在卵壳中发育完善的幼螺靠顶力把壳破碎，在湿度适宜时，出壳的幼螺开始爬行，自行跌入水中。

（2）人工孵化：用一只水缸放10厘米深的水，在水面上放 1 个5毫米网孔的窗纱盘，把受精卵块放在盘内，水温保持28℃，经12天即可孵出幼螺。

（3）孵化管理：孵化时，孵化架、盘要消毒，禁忌农药、化肥、油漆、松木、辣味及强酸、强碱等刺激性气味。温度保持在25～32℃，孵化过程中要及时弃掉霉变、坏死的卵粒。

（三）日常饲养与管理

1. 投喂饵料

福寿螺以新鲜的青菜、水草、萍类等植物茎叶为主要食料，但不同日龄的螺应有不同的选择。

（1）刚出壳的幼螺，宜投喂红萍、嫩菜叶，酌施少量细米糠。随着螺体长大，可增投水草、菜叶、瓜类等浮水性饲料，以利福寿螺浮出水面附着摄食。

（2）中螺期以后在投喂饲料时，应以青料为主、精料为辅（精料如麸皮、豆饼粉等占螺总体重的0.5%以上）。饲料要求新鲜、不霉烂。饲料日投喂总量占池中螺总体重的10%～12%，青饲料投喂量占总投喂量的80%，精饲料占20%左右。

投喂过程中要先投喂青草、菜叶、水草等，待吃光后再投喂麸皮、豆饼粉、玉米面等。投饲时，均匀撒遍全池，注意不可过剩，以免腐烂沤臭水质。

饲料投喂也要像养鱼一样遵循“三定”（定时、定量、定质）和“四看”（看季节、看天气、看螺的活动情况、看螺的摄食情况）的原则。

由于福寿螺厌强光，白天活动较少，夜晚多在水面摄食，因此，投喂时间应为早上5～6点和傍晚17～18点为宜，傍晚投饲量占全天的2／3，早上投饲量占1／3。7～9月份是福寿螺的摄食旺季，投饲量应占生长期内投饲量的60%。

2. 水质管理

水质管理主要通过微流水和彻底换水 2 种方式结合来实现。

微流水的流量应控制在每小时0.01～0.1立方米，早春及晚秋保持下限，高温季节取上限。当水源方便或建有蓄水池时，可24小时持续进行。在水源不便或无蓄水池时，可在投喂前后4小时集中进行，流量可适当增加到每小时0.4立方米。

排污作为水质管理的必要环节，可以彻底减少水质恶化的污染源，同时也降低了载体的有机负荷。

在彻底换水的操作中，当水彻底排干后，用扫帚将集中于中间空置区的排泄物、食物残渣等扫至水口排掉，同时将繁殖过密的水葫芦清除一部分。

由于水葫芦下的污物难以排除，加之水葫芦覆盖，常导致这一区域的水质败坏。因此，在每次排水结束后，应施入一定量的“双益”2号药物。

3. 防缺氧

福寿螺不耐缺氧，应根据天气、水色、季节和福寿螺的活动情况进行预测，如有可能出现缺氧现象，应及时采取换水等增氧措施。

（1）池内水体要保持清新，勤排勤灌，春、秋两季每7～10天加水 1 次，夏季3～5 天加水 1 次，每次加水可使水位升高5～10厘米。

（2）必要时可先排掉一部分旧水，然后再加注新水。使用的自来水须事先存放2日，或经搅拌去氯后方能引入。

（3）每天要注意清除食物残渣，以免水质败坏，并要防止农药和污水流入池中。

（4）池塘饲养如能保持微流水状态，更有利于福寿螺的生长。

4. 巡池

要坚持每天巡塘，观察动态、池水变化及其他情况，发现问题及时解决。

（1）防止老鼠及蛇类侵入。

（2）及时清理死亡和体质衰竭的螺苗。

（3）合理饲养，定时、定量、定质投喂饵料，合理投喂饲料，投食次数要有规律，饲料种类变换不要太快。

（4）保持进排水系统的畅通。

（5）雨季尤其是暴雨季节严防溢池事故发生。

（6）要注意环境卫生，勤除敌害，及时捞出残饵。

5. 防害防逃

进水口、排水口要用密眼网过滤，以防野杂鱼及凶猛性鱼类进入，并防止螺随着水漂走。特别要注意在大雨过后检查防逃设施，发现损坏，应及时修复。检查出入处是否安全，发现漏洞，及时解决。

6. 高温管理

（1）加强水质管理及排污的力度。

（2）提高水葫芦的覆盖密度，以降低载体的温度。确保载体水温不超过32～33℃，必要时加强进水以降低水温。

7. 注意观察螺体生长发育情况

（1）看个体大小组成，确定投饵颗粒大小及投饵量。

（2）每天早上应巡视，注意饲料消耗情况，观察螺的生活状况，有敌害生物要尽快清除。操作过程要轻拿、轻放，不要随意丢抛螺体，以免碰伤螺壳造成死亡。

（3）将池水透明度掌握在40厘米以上。

8. 越冬技术

福寿螺越冬的方法很多，有塑料大棚越冬、温室越冬、温泉越冬、井水越冬等。越冬期内，要经常测量水温，并根据水质状况适时加注井水，水温在8℃以上时，每3天要投喂1次精饲料，投喂量视螺吃食情况而定。越冬其间也要加强防逃措施。

（1）室内越冬：将缸等容器放入暖和的房间中让螺越冬，但缸底需要放33厘米左右厚的泥土，放水30～50厘米深。利用温室也能让螺越冬，温室温度最好保持10℃以上。

（2）室外越冬：可利用防空洞、沼气池，大口井等，进行塑料薄膜覆盖保温。在越冬期间，要求水温保持在10℃以上，并注意换水和投放少量饲料。如天气严寒，可在塑料薄膜上再盖上稻草，以使水温不低于10～12℃。晴天阳光充足时，放浅池水，以利提高温度，晚上加深水位50厘米以上，以利保温。

①池塘越冬：池塘越冬即选择背风向阳，面积0.1～0.2亩的小池塘，池深1米，池底留10～15厘米淤泥层，池面搭塑料膜棚，两端留门，定期开门通风。

②泉水越冬：冬季地下泉水一般在15℃以上，有泉水的地方，可挖成井，四周装竹箔围栏，既可防螺逃，又挡风寒。若热水水温在18～30℃，如把螺放入越冬，还能使其继续生长。

③温泉越冬：在有热源地下水的地方，可以控制水温在20～25℃，这样能使福寿螺在冬季也能正常生长繁殖。

（3）干法越冬：福寿螺在全干燥环境中，紧闭厣甲，可以安全渡过208天，成活率达91%。干法越冬简便易行，安全可靠。

当水温降到12℃左右时，将螺捞起用净水冲洗干净，放在室内晾干。在晾干过程中螺即排放粪便，紧密封闭厣甲，不遇水不再出来活动。3～5天后剔除破壳螺和死螺，然后装入纸箱。为了给螺创造一个干燥环境和防止挤压外壳，在装箱时应放一层螺，垫一层纸屑或刨花，然后捆好，放在通风干燥处（6～15℃）。越冬过程中不可受冻害，如果结冰，螺将被冻死。待来年水温上升到15℃以上时，把螺放回水中，螺即开始活动和觅食。

（4）湿法越冬：在室内空闲地方，用板或砖石墙隔成一个个方格，每格长2米、宽1米、深25厘米，在格内铺上无毒聚乙烯薄膜，做成一个个小水池，灌入20厘米深的水，每池均具有独立的排、进水系统。水温保持在6℃以上。然后每池放1.5～2.5克螺种3000～5000个，或种螺300～500个（种螺池深50厘米，水深30厘米），便可安全越冬。

越冬期间，若水温多在15℃以上，要适当投喂饲料。若水温经常在20℃以上，种螺会产卵，要做好孵化工作。投饵过程中，应加强水质管理，防止因水质恶化而死螺。

（5）越冬管理

①越冬期间，在水温达10℃以上的晴朗天气，应投喂适量的以莴苣、白菜饵料为主的饲料，通常1周投喂1次，每次每亩水面或每70平方米网箱投喂商品饵料1～2千克。饵料要求少而精，确保种（幼）螺安全越冬。越冬后期，水温逐渐升高，应逐渐增加投饵量，亲螺应进入强化培育期。

②越冬过程中，要保持水质清新，溶氧充足，若发现水质异常，应及时加注新水或换水。严冬季节，室外越冬要防止池塘封冻。一旦结冰封池，应及时敲碎或钻洞。

③坚持定期巡塘、巡箱，检查种（幼）螺越冬情况，并做好防污染、防敌害等工作。

（四）防逃危害避免

1. 福寿螺危害的防止

近年来，相继报道福寿螺对作物的危害性，值得注意。

福寿螺嗜食水稻等水生植物，水稻插秧后至晒田前是主要受害期。它咬剪水稻主蘖及有效分蘖，导致有效穗减少而造成减产，危害极大。但实践证明，福寿螺在长江以北的广大地区，只要养殖得当是不足以为害的。

（1）福寿螺原产南美热带地区，福寿螺生长的适宜水温为25～32℃。水温降到3℃，持续4～5天，螺开始死亡，而且螺体越大，耐寒能力越差，死亡率越高。福寿螺在这类地区不能正常越冬，螺的密度完全可以控制。适宜于福寿螺自然生长的季节为4月份下旬到10月份上旬，而福寿螺从孵化到性成熟约需要70～80天，每年仅能繁殖2～3代，所以不容易蔓延。

（2）长江以北地区为水旱轮作制，秋熟作物后大多为夏旱作物，而福寿螺繁衍生长离不开水，长期脱水也是福寿螺生存的限制因素。因此，在我国长江以北广大地区可以，可利用稻田水域大力发展福寿螺养殖。

2. 防治措施

福寿螺的防治必须采取“预防为主，综合防治”的措施。

（1）对养殖场所必须采取隔离手段，一是采用水泥池养殖；二是养殖池四周布隔离网；三是对在其注排水口要装上铁丝网、聚乙烯布或竹箔等拦网设备，以防排水时外爬，隔断其外逃途径，在进出水源多重布置密网，确保不向外扩散。有必要的话，还可以在池塘四周撒上石灰等碱性物质，形成碱性防逃地带，防止逃螺现象的发生。

（2）掌握在福寿螺越冬或产卵盛期前，对沟河和农田的成螺，进行人工捕捉。

四、福寿螺病虫害的预防与控制

（一）福寿螺疾病的预防

1. 消毒预防

（1）池水消毒

①每立方米池水加生石灰25克，用少量水溶化后，均匀泼洒全池。

②每立方米水体加漂白粉0.6克，用少量水溶化后，均匀泼洒全池。

③每立方米水体加高锰酸钾8克，用少量水溶化后，均匀泼洒全池。

④清除丝状绿藻。丝状绿藻对螺池水质、螺体的生长有不利影响。未放水的池塘，用草木灰撒在丝状绿藻的表面，遮住阳光便可杀死丝状绿藻。对放水的池塘，用抓根、施肥和增加水深的办法，能基本根除丝状绿藻。

（2）用具消毒

①用5%的漂白粉浸泡用具10分钟。

②用浓度为20×10^{-6}的高锰酸钾浸泡用具10～20分钟。

（3）螺体浸洗消毒：用一定浓度的药物溶液浸螺体消毒。

①用10～20毫克／升的高锰酸钾溶液浸泡10～30分钟。

②用10毫克／升的漂白粉溶液浸泡10～20分钟。

③用6毫克／升的硫酸铜溶液浸泡10～30分钟。

④每千克清水用含青霉素40～50国际单位和链霉素20国际单位的溶液浸泡30分钟。

（4）饲料消毒：主要用于培育的活饵料、屠宰加工副产品的浸洗消毒。先用水洗干净，然后药浴浸泡。

①用浓度为8×10^{-6}的漂白粉浸泡20分钟。

②用浓度为15×10^{-6}的呋喃唑酮浸泡10分钟。

2. 药物预防

（1）螺体孵出2天后，用土霉素全池喷洒（每立方米水体1克），每12小时1次，连用3次；隔2天后用病毒灵全池泼洒（每平方米5克），每天1次，连用2天。

（2）每次加注新水后，用漂白粉、强氯精（三氯异氰尿酸）、鱼虾安等药物，对水体进行消毒，预防螺病发生。强氯精每次每平方米用量为0.15～0.3克。

（3）平时在饲料中加土霉素（每千克加饲料 0 .25克土霉素），连喂5～7天，也可有效地预防疾病的发生。

（二）常见病害防治

1. 消瘦病

（1）病因：土壤酸碱度不当，温度过高或过低。

（2）症状：身体缩进壳内，少食或不食，长时间休眠或半休眠。

（3）防治

①用22～25℃的温水浸泡1分钟，使福寿螺伸出头来，用0.25克氯霉素加25克葡萄糖粉拌入250克精饲料，连喂3～5天。

②用0.04%食盐水或苏打浸泡福寿螺2分钟，使福寿螺头部伸出，每天喂2次稀葡萄糖水（葡萄糖50克加氯霉素50万国际单位，兑水500毫升）。

2. 脱壳病

（1）病因：投放饲料单一，饲料中缺乏钙、磷、钾等元素。

（2）症状：外壳脱落，严重时内脏露出。

（3）防治

①投撒腐殖质以补充钙质。

②投喂钙质较多的饲料，如贝壳粉、骨粉、蛋壳粉等。

3. 黑斑病

（1）病因：池底水质变坏，一些分解甲壳质和腐屑的细菌大量繁殖所致。

（2）症状：发病初期，病灶处有较小的黑斑，逐渐溃烂，最后由细菌腐蚀，破坏甲壳质而变成黑色，通常在鳃部和腹部带有黑色或黑斑，螺体力大减，或卧于池边，处于濒死状态。

（3）防治：保持螺池水质良好，必要时施用水质改良剂；发病后，用1克/立方米的呋喃西林泼洒治疗。

4. 霉菌病

（1）病因：由霉菌寄生引起，主要危害幼螺。

（2）症状：发病初期，在尾部及其附肢基部有不透明小斑点，继而扩大，严重时遍及全身而致螺死亡。

（3）防治：用0.2克/立方米的孔雀石绿或200克/立方米的福尔马林，每天浸浴病螺30分钟。

（三）天敌的防范

福寿螺的敌害生物比较多，如水蛇、黄鳝和肉食鱼类等，尤其是老鼠特别喜欢捕吃靠近水边的福寿螺，故要采取措施加以防范。同时，应随时检查进排水口处密眼网的牢固程度，防止螺随水漂走。

五、福寿螺的采收与利用

（一）福寿螺的采收

1. 捕捞

福寿螺的捕捞方法可用鱼网拖捕或干塘捕捉，也可当其浮在水面时，用长柄抄网捞取。

（1）人站在水中用抄网慢慢捞起水底表层浮泥，捞到一定量后，提起网袋，在水中反复荡洗、漂去淤泥，然后收集。

（2）池塘养殖的选捕：主要采用干塘法。先反复用夏花鱼种网拉捕数次，将捕获的成螺与繁殖出来的幼螺分选开，把幼螺暂养起来，然后再干塘把螺全部捕起，随即灌水，至池水深1米左右，将暂养的幼螺放回原塘继续养殖。

（3）网箱养殖的选捕：在网箱紧靠宽边两端，收箱角，放开绳，用手拉住防逃网，将箱衣、箱底拉浮水面，使福寿螺向对面箱宽边聚集，然后挑选出体重约50克以上的成螺。没有达此规格的螺继续留于原箱养殖。选捕完毕，恢复网箱系绳原状。

2. 运输

福寿螺的运输工具可用桶、竹篮、鱼篓等。由于壳薄，在大量装运时要在容器内分层填放一定数量的菜叶或水草，否则螺壳会互撞破碎而死亡。

（二）福寿螺的利用

在养殖期间，除留作种用的福寿螺外，其他福寿螺根据需要适时采收投喂鸭、甲鱼、黄鳝、牛蛙、河蟹、虾、水貂、水蛭等。喂鸡时如果螺体较大需要粉碎后饲喂。

第六章

河蚬的培养技术

河蚬又称黄蚬、金蚶、扁螺等，广泛分布在我国湖泊、江河中，天然资源丰富。近几年来，随着鳖、鲤鱼、黄鳝、蟹养殖的发展，人们开始重视河蚬作为鲜活饵料的养殖。

一、河蚬的生物学特性

1. 河蚬的形态学特征

河蚬（图6-1）贝壳中等大小，略呈正三角形，壳质稍厚且坚硬，成体壳长25～36毫米，壳高22～33毫米，壳宽16～28毫米。个体重4～7克，每千克160～220只，壳面颜色

图6-1　河蚬

变化较大，常与栖息环境有关，呈棕黄色、黄绿色或黑褐色，壳面有粗糙的环肋。

2. 主要生活习性

（1）底栖、穴居性：河蚬栖息于底质多为沙、沙泥或泥的江河、湖泊、沟渠、池塘及河口咸淡水水域。在水底营穴居生活，幼蚬栖息深度为10～20毫米，大蚬可潜居20～200毫米，以20～50毫米分布最多。

（2）被动摄食：河蚬摄食经鳃过滤的浮游生物（如硅藻、绿藻、眼虫、轮虫等），是一种被动的摄食方式。

（3）繁殖特性：河蚬为雌雄异体，但也发现有雌雄同体的个体。3个月可达性成熟，一年四季皆可繁殖。性腺最丰满期是5～8月份，生殖旺期是5～8月份，此时河床底部出现大量的白色黏液状物。

当河蚬幼体浮游生活结束后，即沉入水底营底栖生活15～30天，再经1个月左右长成2毫米的小蚬，3个月可长到10毫米。

二、河蚬养殖前的准备

（一）养殖场地的选择

河蚬最适在水流畅通、流势缓慢、水质偏向碱性、透明度1米左右、水速每秒0.1～0.6米的水域繁殖和生长。水流过急，增殖的幼苗不宜附着，大蚬也容易随着急流冲走。水流过缓，浮泥易于沉淀，由水流带入的食料也比较少。

（二）养殖方式的选择及用具的准备

1. 池塘养殖

池塘面积2亩以上，水深1米以上，底质以沙土为宜，厚度20厘米左右。塘口有活水水源，没有化肥和农药污染。蚬苗放养一年四季都可进行，以白露后至立夏前放养为宜。

2. 湖泊放养

水域面积几百平方米到几公顷的小、中型湖泊，可选择适宜的湖区或全湖放养蚬苗。养蚬湖区水深2米左右，湖底泥质或沙泥质，地势较平坦，有一定的肥力，没有污染，浮游生物丰富。水色绿褐色，透明度45～80厘米，管理方便。

（三）饲料选择

天然饵料即为池水中的微生物以及有机物，主要有浮游植物、腐屑、青苔、青菜及有机碎屑等。在高密度养殖时，应投喂豆粉、麦麸或米糟，也可施鸡粪或其他有机肥料。

三、河蚬的饲养与管理

（一）引入种源

蚬苗可从江河中人工捕捞，要求品种纯净。春、秋两季气候适宜，运输死亡率低，为引入种源的最佳时机。常用吸螺蚬船可在一两个小时内采得数吨河蚬。通常勿需挑选，直接装车。

运输可用车、船散装或用草包、麻袋包装运轮。运输途中保持潮湿，避免风吹、日晒。

（二）放养繁殖

1. 水体准备

放养河蚬前应将水体消毒。消毒时养殖面积小可将池水放掉，暴晒15～20天，清除螺、蚌类生物。养殖面积大可带水消毒，带水消毒时每立方米水体用鱼安6～7克，加水溶解后，全池泼洒或将新鲜茶饼砍削成小块，用热水浸泡一昼夜后，全池均匀泼洒，每亩每米水深约25千克。需要经7～10天池水中的药性消失后用鸡粪或其他腐熟的农家肥，每亩施150～200千克。放养河蚬前最好先“试水”，确认池水中的药物毒性完全消失后再行放种。

根据地形以尼龙网在进、出水口处拦截鲤鱼、黄鳝等敌害侵入。

2. 投种

引入的河蚬，应及时、均匀地播撒入养殖水域中，每亩放养蚬苗100千克左右。

河蚬在咸淡水中均为雌雄异体，在淡水中既有雌雄异体又有雌雄同体，雌雄同体有性变现象。

河蚬自然繁殖高峰期为5～8月份，在鳃腔中受精。生殖腺分布于斧口上方，内脏团的两侧、肠管迂回部。雌雄区别外形很难识别，主要是从性腺颜色来区别。雌蚬性腺呈紫黑色，成熟时呈葡萄状，取出卵粒能分散游离。雄蚬性腺呈乳白色，成熟时取出精液呈白色浆液状。

河蚬的繁殖方式不同于河蚌，河蚌是幼生型有寄生特性。河蚬交配后，精、卵在水中浮游相互融合成受精卵，在水中完成胚胎发育成蚬苗。河蚬2龄开始成熟，4龄开始衰退，以2～3龄性腺质量为优，当年春季投入秋季可生长到壳长达0.5厘米、粒重0.5克左右。

（三）日常饲养与管理

1. 水体管理

蚬苗放养后，应保持水质肥力、水色绿褐色，透明度35厘米左右。注意水质不能过肥，过肥时可加注新水，调节水质。

养蚬期间，不能施用化肥或农药，否则容易引起河蚬死亡。

2. 投饵

养殖河蚬也要及时投饵，通常投喂豆粉、麦麸或米糠，也可投施腐熟的鸡粪或农家肥。

四、河蚬病虫害的预防与控制

河蚬生命力极强，耐低氧，病患少。但须严加防范青色、鲤鱼、绿头鸭和中华鳖等天敌的侵入。

五、河蚬的采收与利用

（一）河蚬的采收

河蚬的寿命约为5年，最佳采捕利用期为1～2龄。

起捕河蚬，一年四季都可进行。起捕工具用耥网或耙网，网目2厘米左右。当天起捕当天出运，保证活蚬质量。

出运河蚬用麻袋或薄塑编织袋包装，每袋20～30千克，

包装好的河蚬可以陆运、水运。运输途中注意保持低温、潮湿，避免风吹、日晒。运输期限在冬、春季为7～10天，夏、秋季为3～5天。

（二）河蚬的利用

在养殖期间，除留作种用的河蚬外，其他河蚬根据需要适时采收投喂。

❖ 第七章

蜗牛的人工培育

我国人工养殖蜗牛起步于20世纪60年代，目前养殖技术已经成熟，蜗牛除作为人类的高蛋白低脂肪的食品外，随着养殖业的发展，作为鸡、鸭、鸟、蟾蜍、龟、蛇的动物性蛋白饲料，日益受到人们的重视。

目前，国内养殖的白玉蜗牛（俗称白肉蜗牛，褐云玛瑙螺）、盖罩大蜗牛（俗称法国蜗牛，葡萄蜗牛）、散大蜗牛（俗称庭园蜗牛）、玛瑙蜗牛（俗称非洲大蜗牛）等都有自己独特的外形。

一、蜗牛的生物学特性

1. 蜗牛的形态学特征

蜗牛（图7–1）的整个躯体包括眼、口、足、壳、触角等部分，身背螺旋形的贝壳，颜色大小不一，它们的贝壳有宝塔形、陀螺形、圆锥形、球形、烟斗形等。头上长有一对长触角和一对短触角，眼睛长在触角上。

蜗牛交配时间，在黄昏或夜里，也有少数在白天，交配后经半个月左右开始产卵，临产前停止取食，选择产地，正常情况下将头部钻入饲养土中，将卵逐个排出，白玉蜗牛卵的形状呈椭圆形（图7–2），乳白色或淡黄色，有光泽。

图7–1　蜗牛

图7–2　蜗牛卵

卵孵化出壳后到30天以内为小螺阶段，幼螺满1～6月龄之间为成螺阶段。

2. 主要生活习性

（1）明显的趋暗性：蜗牛怕强烈的光线刺激，有明显的趋暗性，养成了昼伏夜出的生活习性。一般来说，蜗牛下午6时开始活动，零时以后活动减弱，直到次日早上6时完全停止，因此投料和喷水时间应掌握在下午5～6时为宜。

（2）杂食性：蜗牛为杂食性动物，以采食绿色植物的根、茎、叶、花、果实等为主，如莴笋叶、白菜叶、南瓜叶、丝瓜叶、苦荬菜及红薯、胡萝卜、各种瓜果，但不喜欢吃带刺激性的植物，如韭菜、大蒜、葱头、辣椒和盐类食品。此外，它们还食取一部分沙粒和泥土，这是因为土中含有腐殖质的缘故。幼螺多摄食腐殖质和充分腐熟的植物落叶。为了提高蜗牛的生长速度，在蜗牛的日粮中还应该添加一部分米糠、豆饼、玉米粉、麦麸、骨粉、贝壳粉等精饲料，添加量约为体重的5%。

（3）休眠性：休眠是蜗牛抵抗逆境，得以自保，从而维持生命的习性。蜗牛遇到高温、低温、缺食、短水等不利情况时，就会自动分泌黏液结成膜厣，封住壳口，直至逆境解除，就会逐渐苏醒破膜而出，继续活动。蜗牛的休眠期可达6个月之久，也就是说蜗牛不吃、不动可休眠6个月也不会死亡。

（4）恋巢性：蜗牛在野生环境中，终生于某一固定的巢穴中生存，因而形成了对自己巢穴留恋的习性。目前，人工饲养的蜗牛还保留着其祖先遗留的这一习性。

（5）直进的习性：蜗牛只能前进，不会后退，它在行进中即使遇到敌人和障碍，也只能缩壳防御，却不会后退逃跑，在饲养中我们曾多次发现有的蜗牛被隙缝卡住，若不把它提回它就只能永远停留在那里。在养殖中应使箱内尽量满足蜗牛直进性的需要，从而避免不应有的损失。

蜗牛在爬行时，还会在地上留下一行黏液，这是它体内分泌出的一种液体，即使走在刀刃上也不会有危险。

（6）群居与连带习性：蜗牛喜欢群居，特别是在遇到不适环境的时候，常集居一起，而相互保护。以增强抗衡不适环境的能力。如旱时，为了减少体内水分的蒸发，而集在一起，减少蒸发水分的面积，并自身分泌出一种黏液形成一个保护膜，不让水分散失，遇到严寒时也是如此。群居的蜗牛的活动比较旺盛，吃食快，动性强。

（7）生殖特性：蜗牛是雌雄同体、异体交配的卵生动物。蜗牛的性发育是雄性在前，雌性发育较迟。蜗牛的性成熟为8个月以上，个体长到40克左右。蜗牛发情求偶时，颈部膨大，生殖孔排出黏液。交配期间，不能受刺激，否则容易造成交配失败。

蜗牛从交配到受精卵排出体外，一般为10～15天。产卵前蜗牛停止采食，选择产卵地点，将腹部插入松软的土中，头颈部插入土层1～6厘米，然后挖1个5～8厘米大的洞穴，把卵产在洞穴内。

蜗牛年产卵3～5次，1年龄蜗牛每次产卵40～60粒，2年龄蜗牛每次能产卵100～200粒。气温降至20℃以下时停止产卵。

3. 对环境条件的要求

蜗牛喜阴暗潮湿、疏松多腐殖质的环境，昼伏夜出，畏光怕热，忌阳光直射，对环境极为敏感。当环境温、湿度不适宜时，会将身体缩回壳中并分泌出黏液形成保护膜，封住壳口，以应对不良环境。当环境适宜后，便会自动溶解保护膜重新开始活动。

适宜的环境温度为16～33℃，相对湿度为80%～90%，土壤湿度在35%左右。最佳的环境温度为20～30℃，此时蜗牛食欲旺盛，繁殖量大，生长最快。当环境温度在15～18℃

或30～35℃时，蜗牛的活动开始减弱，少食，生长较慢。当环境温度低于15℃或高于35℃时休眠，停止生长和繁殖。当环境温度低于5℃或高于40℃时，会被冻死、热死。

二、蜗牛养殖前的准备

（一）养殖场地的选择

养殖场应建在周围3千米内无大型化工厂、矿厂或其他污染源的场所。

（二）养殖方式的选择

1. 露天养殖

可利用农田，翻耕将土整细，周围植上阔叶树遮阳，四周用网拦住防止蜗牛外逃。也可利用平顶房的屋顶，垫上10厘米以上松土，周围种几株葡萄，搭个架遮阳，四周照样用网拦住。此种养殖方式的好处是空气新鲜，湿度好，蜗牛生长快，发病少。要注意天旱时应及时洒水，保持土壤湿润。雨水多时要及时排水。注意天敌与野兽的危害，家中养犬、猫的更应注意。

2. 室内养殖

室内养殖分平面养殖与立体养殖。平面养殖在室内用砖砌成2～3平方米大小的方格，高25厘米左右，垫上10厘米以上松土即可。立体养殖（图7–3）先做好木箱与架子，在箱中垫上10厘米以上松土，一层层放在架上，箱高25厘米左右，长短视需要而定。每天打开门窗通风换气，注意调节温度与土壤湿度，保持土壤的清洁与室内卫生。无论箱与池均应在上面盖上透气的网，防止蜗牛外逃。

图7–3　立体养殖

3. 塑料大棚养殖

选择长30米、宽6米的空地，先翻耕1次。周围砌成30厘米高的墙，上面开造弓形大棚，前后开门。将棚内翻耕的土整平整细后即可养殖。这种饲养方式的好处是便于温度的调节与预防天敌。但应注意的是，高温季节要增加遮阳设备，保持土壤湿润与空气对流，以便及时排出二氧化碳。

（三）饲养用具的准备

1. 饲养架

饲养架可采用木架、铁架、水泥架，要分层搭建，高度为2米左右，距天花板50厘米，每层高度以20厘米左右为宜，最底层饲养箱的底部距地面应在30厘米以上。

2. 饲养箱

饲养箱的木材应以阔叶林材料，如杨、柳、桦、桐、榆等无异味的材质为佳。

饲养箱的规格可根据饲养面积大小确定。其规格为：木板厚1.0～1.5厘米，长60厘米、宽40厘米、高35厘米或长75厘米、宽45厘米、高35厘米。饲养箱的箱壁上可留几条缝，或做一活动的外门。箱底部可铺上一层小碎石或鹅卵石，其上再铺层8～10厘米的腐殖土。饲养箱每层空隙在50厘米，底部距地面30厘米。

箱盖可用塑料窗纱遮盖。种蜗牛饲养箱盖网的孔径为10～15毫米，可放置待产卵的蜗牛50～70只。成蜗牛箱盖网的孔径为2～3毫米，可放置已孵化出的幼蜗牛300～500只。

立体饲养时，可将饲养箱放在饲养架上重叠起来利用。架子的最底层为水泥板或砖台，台地上可设排水沟。架子每层间隔为30～35厘米。

也可以用塑料盆、砖池等替代。

3. 防逃设施

（1）防逃围栏：纱网网眼孔径为6毫米以下，高度58厘米。将纱网钉在木板上，埋入土中约10厘米，在地上48厘米连续转弯成2个直角，形成“门”字形。

（2）防逃尼龙网：在饲养场地四周绕尼龙网或塑料纱网，高度为60～70厘米。顶端用钢筋条或8号铅丝弯曲成“门”字形的边缘。尼龙网架下开小水沟，沟内蓄水防逃。

4. 饲养土

蜗牛对养殖土的要求较高，要求养殖土潮湿、疏松，含有较丰富的腐殖质和一定的有机质，没有被化肥、农药等污染，酸碱性呈中性。以含腐殖质较为丰富的田园土为最好，使用时将土壤晒干，碾细，放入10%～15%的陈石灰粉混合，经太阳暴晒3～5天消毒杀虫后，过筛剔除石粒制成细土，在细土中加水调制，即成饲养土。

（1）饲养土配方

①胎螺（出壳至生长1个月的蜗牛）饲养土配方：

牲畜粪便4份，腐殖土3份，腐叶土1份，河沙2份。在配制中还可适当加一点小鸡饲料放在土壤里。

②生长螺（生长1～5个月的蜗牛）饲养土配方

配方一　菜园土2份，腐殖土2份，腐叶土1份，牲畜粪2份。

配方二　河沙2份，骨粉(蛋壳粉)1份。

配方三　菜园土3份，腐殖土2份，腐叶土2份，牲畜粪2份，骨粉(蛋壳粉)1份。

③成螺（生长5个月以上的蜗牛）饲养土配方：

菜园土2份，腐殖土1份，腐叶土1份，牲畜粪1份，河沙4份，骨粉1份。

（2）测定pH值：要想养好蜗牛，要选择经过人工培养和配制成的饲养土，也应对土壤中的水分和酸碱度加以测定，并把它调整至适合蜗牛栖息生长的状态，做到科学饲养。

测定pH值的最简便的方法是使用pH试纸，测定时，把待测溶液滴在pH试纸上，然后把试纸显示的颜色跟标准比色卡对照，便可知道溶液的pH值。具体方法是取2克养殖土样品放入选定的玻璃容器内，加蒸馏水10毫升，搅拌1分钟，静置澄清。用pH试纸测溶液的pH值。

（2）消毒：饲养蜗牛的土壤，里面埋藏着无数的病菌及虫卵等。所以在使用配制好的培养土时，要特别注意消毒问题。消毒处理对胎螺和幼螺尤为重要，因为这些小蜗牛，抵抗力弱，容易受感染而发病。

①药物消毒法：将饲养土过筛后，放置于容器内，或者堆放于一隅，用高锰酸钾或福尔马林稀释至100×10^{-6}后，喷洒于土中，边喷边翻动，使药液较均匀地混于土中，药物喷完后用塑料薄膜密封一昼夜，然后去掉薄膜，曝露6～8天后，即可使用。土壤经药物消毒后，可杀死土壤中的蚂蚁、蜈蚣和虫卵，也可杀灭病菌。

②锅炒消毒法：将配制好的培养土过筛后，放入铁锅内翻炒1小时，也可以起到消毒作用。饲养土炒好后，取出晾晒，每天翻动2次，增加土壤中的空气和太阳辐射热，大约经过2～3天后，便可使用。

③沸水消毒法：将培养土过筛，放在地上经太阳暴晒后，装入木桶或铁桶中，将鲜开水灌满，或淹过泥土为止，浸泡5分钟后把水倒掉，再灌 1 次开水，然后加盖密封一夜，能杀死泥土中的蚂蚁、蜈蚣、各种虫卵和病菌，特别是菜园土中的农药和化肥能随水散失。第二天才把桶内的泥土和水倒出过滤，晒干、搓碎，便可使用。

（3）铺土厚度：养殖饲养土厚度，一般为成螺10厘米，生长螺7厘米，幼螺3厘米，饲养1～2个月更换1次。

5. 饲养用水

水是蜗牛机体中不可缺少的重要组成成分，但给蜗牛用水一定要进行水质处理与水温调节。

自来水、井水和泉水的酸碱度，若其pH值大于6.8，可用白醋加入水中进行中和，如pH值小于5.5，可用石灰进行中和，使水的酸碱度符合使用要求(pH值在5.5～6.8)。井水和泉水在夏天的温度特别低，不能直接用来饲养蜗牛，应把它贮存在水池或其他容器中，让太阳照射2～3天，使水温基本接近饲养土温度，自来水经同样处理后还可使水质得以纯净。

蜗牛本身是一种喜欢阴暗潮湿环境的动物，所以在给蜗牛喷水时，一定要根据季节、地区环境、天气情况、土壤质量等具体情况，掌握喷水量。一般说来，饲养土的含水量为35%～40%，空间相对湿度在85%～90%是比较适宜的。

（1）春季喷水：喷水的时间，宜在上午的8～10时，下午的3～4时。北方地区气候干燥，水分蒸发量大，更应注意喷水。喷水的次数应视气温、饲养土干湿情况而定。在长江流域及其以南地区，每天可喷3～4次，若遇春雨绵绵的潮湿阴雨天，气温低、湿度大，可以少喷或不喷，总之，以满足蜗牛对土壤湿度和空气湿度的要求为度。

（2）夏季喷水（6月份中旬至9月份中旬）。一般情况下，上午8时及晚上各喷水1次，不仅能保持湿度，同时，还能起到散热的作用，对蜗牛生长发育有利。但是饲养者还要注意，夏日气温高，水分蒸发也快，有时久晴不雨，则需要增加喷水量和喷水次数。总之，要根据本地区的实际情况，以保持土壤湿度和空气湿度来决定喷水的次数。

（3）秋季喷水（9月份中旬至11月份中旬）：秋季是蜗牛的第二个旺盛生长期，喷水宜在上午8时至10时，因为这时水温基本接近饲养土的温度。有条件的可把水温提高到35～40℃。上午喷水，土壤水分经过较长时间的蒸发，到晚上土壤中的含水量减少，对蜗牛活动有利。秋季有些地方也会出现阴湿多云、秋雨绵绵的天气。此时，也要减少喷水次数，控制喷水量。每天上午喷水1次，就能满足需要了。

（4）冬季喷水(11月份中旬至次年3月份中旬)：蜗牛不吃、不喝，长睡几月，蜗牛栖身的土壤只要保持湿润状态即可，每星期喷水1次就可以了。有的地区冬季有暖气设备，室内温度保持在25℃左右，蜗牛不但不休眠，而且还要生长。有这种条件的饲养场，就要每天喷水2次，必要时，饲养箱和饲养柜都要用水喷透。

6. 加热保温设施

养殖者可根据各自的条件和喜好选择加热保温设施。

（1）地龙保温法：在墙基部凿一个25厘米×25厘米见方的小孔，砌上柴炉灶，然后从孔口分支砌2条高30厘米、宽24厘米，长度与饲养室横向相同的2条砖料地龙，并隐蔽在饲养架的地面以下。在墙体的另端，两条地龙交汇成一条出口，由烟囱排出废气，只要昼夜柴火不熄，室内温度可保持在20～25℃。在靠近炉灶的龙头处，应多加喷水，以调节室内空气温度和湿度，并降低地龙口处的高温。

（2）木屑、煤炉保温法：这2种燃料的炉子排烟管都用铁皮做成，管道直径20～25厘米，三芯煤炉排烟管末端为6～7厘米，单芯炉排烟管末端为2.5厘米，排烟管随着室内通道弯曲并伸出室外，排出废气。

（3）暖气保温法：用暖气管道、锅炉废气或工厂排出的冷却水通进养殖房作为热源，供蜗牛越冬。但若停气、停水时应立即用其他方法保温。

（4）电器保温法：利用电灯泡或电暖器保温。灯泡可放离地面30厘米处，功率以不超过100瓦为宜，可以多安装几个，以利均衡保温，保温室室内面积以20平方米的单间为好。注意：用电器保温成本高，一旦停电，会造成损失。

（四）饲料选择与配制

1. 蜗牛的饲料种类

蜗牛食性较广，一般以青饲料为主，精饲料为辅。

（1）青饲料：各种青绿饲料和多汁饲料，如青菜、大白菜、油荬菜、莴苣叶、丝瓜叶、南瓜叶、西瓜叶、冬瓜叶、扁豆叶、黄豆叶、棉花叶、芝麻叶、杨槐叶、榆叶、柳叶、野苋菜、水花生、苕子、紫云英、马齿苋、蒲公英、地衣等青绿饲料；番薯、南瓜、西瓜皮、冬瓜心皮、丝瓜皮、茄子皮、青辣椒、马铃薯、胡萝卜、扁豆、刀豆、苹果皮、生梨皮等多汁饲料。

蜗牛不喜欢吃青草、杂草，拒食有刺激性味道的葱、韭、蒜等。

（2）精饲料：各种糠皮饲料、饼粕饲料、动物性饲料、矿物质饲料及维生素添加剂等饲料或由其配合而成的饲料；也可以直接使用仔鸡、仔猪的配合饲料。如小麦皮、米糠、玉米皮、高粱皮、豆皮、小米皮、玉米心、豆腐渣等糠皮饲料；黄豆粉、芝麻粉、花生饼、豆饼、去毒后的菜籽饼等饼粕饲料；各类水产品、畜禽肉类及残渣下脚，还有鱼粉、骨肉粉、蚕蛹粉、蚯蚓粉等动物性饲料；骨粉、贝壳粉、蛋壳粉、虾壳粉、石灰粉等矿物质饲料；干酵母粉及所有禽畜用维生素添加剂。

2. 饲料参考配方

（1）幼蜗牛饲料配方

配方一　玉米粉25%，麸皮25%，豆粕23%，米糠22%，淡鱼粉3%，酵母粉2%，加少许多维素、微量元素及生长素。

配方二　炒黄豆粉20%，玉米面20%，麦麸皮20%，米糠20%，骨粉10%，酵母粉9%，微量元素1%。

（2）生长期饲料配方

配方一　黄豆粉（熟）、白豇豆粉、蚕豆粉（熟）、绿豆粉、玉米粉、细米糠各10%，蛋壳粉7%，氢钙粉1.5%，土霉素粉、食母生粉各0.2%，食糖1%，食盐0.1%，麦麸20%，河沙10%。

配方二　细米糠、麦麸各25%，黄鳝骨粉7.5%，黄豆粉（炒熟）、玉米粉各15%，细青沙10%，食糖1%，食盐0.1%，土霉素粉、酵母（食母生）粉各0.2%，禽用微量元素添加剂、鱼肝油各0.5%。

配方三　玉米粉40%，麸皮25%，豆粕15%，米糠13%，淡鱼粉2%，酵母粉2%，骨粉3%。

配方四　米糠70%，粗面粉10%，小麦粉10%，蚕豆粉5%，马铃薯粉5%，加适量钙粉。

配方五　麦麸皮30%，细谷糠（细稻糠）25%，黄豆粉（炒熟）20%，玉米粉15%，蛋壳粉7%，酵母粉（食母生）、微量元素添加剂、维生素添加剂各1%。

（3）成螺期精饲料配方

配方一　麦麸皮25%，细谷糠或细稻糠20%，玉米粉、黄豆粉（炒熟）、蛋壳粉各15%，氢钙粉5%，蛋氨酸、微量元素添加剂、维生素添加剂、土霉素粉、酵母粉各1%。

配方二　麦麸皮、蛋壳粉各15%，黄豆粉（炒熟）、蚕豆粉（炒熟）、绿豆粉、玉米粉、细谷糠、细稻糠各10%，氢钙粉7%，土霉素粉、酵母粉（食用生）、维生素添加剂各1%。

配方三　玉米粉34%，麸皮26%，豆粕20%，米糠10%，淡鱼粉4%，酵母粉2%，骨粉4%。

三、蜗牛的饲养与管理

（一）引入种源

1. 种蜗牛的选择

购进种蜗牛主要是从其他蜗牛养殖基地(或蜗牛养殖场、户)购买，首先要选择有培养种蜗牛能力的单位。

选择种蜗牛时，要求健壮肥满，黏液多，缩壳时有少量涎水流出。壳色泽光洁，条纹清晰，无任何破损；大小一致，有一定重量。例如亮大蜗牛每个体重在35～40 克，褐云玛瑙螺每个体重在35克以上，但也可引养个体较小的蜗牛，这样会更适应养殖条件。蜗牛的寿命平均为6岁龄左右，3～5岁龄时为最佳种用年龄。

2. 种蜗牛的运输

为便于运输，要采用分层的木箱、塑料箱等，以避免碰撞压碎螺壳。所用运输包装工具均应无毒，无气味，坚固而具有良好的透气性。

在分层的木箱、塑料箱内可衬以用水喷湿的泡沫塑料。在每一层底部也有衬以青草或稻草，上面喷洒一些水，以保持湿润。

每层所装蜗牛的数量不宜过多，否则蜗牛会因相互挤压、相互重叠而死亡。

各地可根据各自的情况，因地制宜地选择运输方式。在运输过程中，虽可不投喂食物，但必须经常喷水，保持湿润。如果长途运输，则应在筐、箱上包以草帘遮荫，防止太阳暴晒而造成蜗牛死亡。在冬季运输时必须注意保温，而且外界温度也不应低于0℃，否则蜗牛会被冻死。在装卸时必须轻拿、轻放，以避免螺壳碰撞挤破而引起死亡。

（二）繁殖

在适宜的环境下，蜗牛一年四季均可繁殖。

繁殖的环境应清洁，土质应疏松无气味；繁殖房内以阴暗为好，夜间可采用15瓦红色灯泡照明，以刺激种蜗牛的交配、产卵。

1. 交配

蜗牛的交配活动在黄昏或是黎明时，交配时间为2～4小时。这段时间内，切勿惊动它们，以免使其受精终止，交配失败。

2. 产卵

蜗牛交配后，活动逐渐减少，经过10～15天后，便开始产卵。产卵时暂停摄食。每年的4～5月份和8～9月份，是蜗牛2次繁殖生长的黄金季节。在这个期间，1只成熟的蜗牛，先后要产卵3～5次。1年龄的蜗牛每次能产蛋40～60粒，2年龄的蜗牛每次能产卵100～200粒。在一般情况下，一只种蜗牛每年能产卵600～1200粒。

产后的蜗牛体质虚弱，应及时将其移至另外的养殖箱内，并在精饲料配方中增加0.01%～0.03%左右的土霉素和0.005%的维生素添加剂，以预防疾病。

正常情况下，种蜗牛产后3天体质便可恢复；若3天后仍不能恢复正常，应及时处理掉。

3. 卵的采收

蜗牛产卵以后，要及时收集，装入孵化箱中进行孵化。收集可用小铲，带泥土一起铲入孵化箱。在每平方米的孵化箱内，可孵化螺卵15万～16万粒，因此，孵化箱的大小可根据产卵的多少而定，长为15厘米、宽为12厘米、高为10厘米，箱底填细泥土2～3厘米厚，进行平整后再将蜗牛卵置于泥土表面，覆盖约6毫米厚的细沙或2层纱布，以便保持土壤湿度。如果小批量孵化，可用罐头瓶或其他容器孵化，容器内填上3厘米厚的泥土，瓶口用湿纱布封盖，其效果也比较好。

孵化小蜗牛用的泥土，以采用富含有机质的菜园土为好，同时，在孵化期要按时喷水，以保持适宜的土壤含水量。

4. 孵化

蜗牛卵在气温26～28℃(最适宜的温度为26℃)条件下，把它埋在含水量为25%～27%(夏季)或30%～35%(冬季)的细沙土中，即可进行孵化。在这种条件下孵化的小蜗牛品质好，成活率高。孵化期水分适中，7～10天小蜗牛便破壳而出。如果温度高达28～30℃时，只需要3～5天便能孵出，但小蜗牛成活率低。

（三）日常饲养与管理

饲养蜗牛与饲养其他动物一样，忽视日常管理工作，就会影响蜗牛的生长发育和繁殖，也会直接影响经济效益。因此，必须做好日常的管理工作。在日常管理中，适宜的温度、湿度和充足的饲料是保证和促进蜗牛正常生长的3大因素。

1. 胎螺的饲养管理

胎螺是指卵孵化后30天内的幼体。卵在土壤中，要经过7～10天后才能孵化成小蜗牛。刚出卵壳的小蜗牛，体质娇嫩，稍带透明，有2个半螺层。胎螺的饲养管理是蜗牛一生中最着关键的时期，因为它月龄少，个头小，幼壳又非常薄，容易受敌害。

（1）转移胎螺：胎螺出壳后通常藏在松软的泥土里3天左右不吃，仍由卵壳上的黏液提供营养。3天后，当卵壳上的黏液不足以供给它生长和活动的需要时，便出来寻食。此时，应把它从孵化箱内移出到饲养箱内养殖。

转移时，在出壳前的孵化箱内放置几片新鲜的白菜心或莴苣嫩叶等多汁细嫩、营养丰富、易于消化的青饲料，当胎螺出来寻食时便爬在菜叶上，转移时连菜叶一起拿走。

饲养密度2万～3万只/平方米。

（2）温、湿度：室内温度在20～30℃，最适宜温度25℃，昼夜温差不超过5℃。土壤底部含水量以30%～40%为宜，空气空气相对湿度以80%～90%为宜。

温度较高时，采用喷洒水等方法降温。入冬和早春季节要注意做好防寒保暖工作，可采用稻草、苇帘、草袋、麻袋等遮盖保温。有条件的，可安装暖气或人工升温。

要求地面表皮湿但无积水。饲养时，最好每天早、晚喷水1次。

（3）饲喂：喂养胎螺的饲料应该鲜嫩多汁，以幼叶菜心为主。1星期后再加些精饲料，同时经常调换鲜嫩菜叶心种类，傍晚黄昏投食。15～20日龄的胎螺，所喂的菜叶可以稍老一点，并拌入1%的精饲料。20～30日龄的胎螺，除继续喂菜叶外，可把精饲料逐步加大到10%。

（4）其他管理措施

①切忌投喂烂菜叶等腐败食物，切忌农药、化学物质污染饲养土，控制异味气体进入饲养场地。

②室内养殖，适宜的光照度为10～20勒。

③饲养池内加湿，应采用喷雾器。

④每天定时清除食物残渣。饲养盒要每3～5天冲洗1次，每天清除粪便、杂物及饲养器材刷洗干净。

⑤及时清除死蜗牛，避免害虫对蜗牛的危害。

2. 生长螺的饲养管理

1个月以后的蜗牛称为生长螺。

（1）调整密度：饲养过程中，必须及时按蜗牛大小分级饲养。2月龄3000～5000只/平方米；3月龄600～800只/平方米；4月龄400～600只/平方米；5月龄：200～400只/平方米。

每周应根据蜗牛生长差异性，将个体大小基本一致的蜗牛选放在1个箱内饲养，每个箱之间留有1厘米以上的空隙。

（2）温、湿度管理：适宜环境温度为16～34℃，最佳为24～30℃；湿度应为85%～90%。

当环境温度下降到15℃时，饲养房内应进行保温。应注意加温时，室内空气会变得干燥，因此温度不宜过高，最好控制在20～25℃之内。

当环境温度高于35℃时，饲养房内应注意降温。方法是注意加强室内通风，确保养殖箱的透气和土壤的湿润，并增加喷水次数，每天在室内雾状喷水2～3次。

（3）饲料的合理投喂：饲料的数量和质量直接影响到蜗牛的生长速度。应根据蜗牛的不同生长阶段，喂给相应的配合饲料，以满足各龄蜗牛生长需要，这样才能取得较好的饲养效果。投喂饲料要充分，以体重的6%～8%为度，品种要多样化。青绿饲料每天投喂1～2种即可，必须是新鲜、清洁、无污染的，腐烂变质的饲料绝不能投喂。投喂饲料前，应先向饲养池内喷水，促使蜗牛采食。

①喂食宜在傍晚6时左右进行，喂食量以在第二次喂食前吃完为佳。在喂食前，应先拣掉原来吃剩的饲料，并用温水喷醒蜗牛。

②青饲料在投喂前必须清洗干净；瓜果、块茎等饲料要切成片状；精饲料要粉碎。

（4）保持清洁的卫生环境：饲养过程中，蜗牛的粪便、残食及污染物应及时清除。如不及时清除就会腐烂发臭，当气温超过26℃以上时就会引起螨虫和致病细菌大量孳生，感染蜗牛腹足发生疾病。因此，对于这些粪便、残食和污染物，在每天早晨应及时清除。注意饲养室内换气，保持内空气对流，防止蜗牛逃跑和天敌侵害。

3. 成螺的饲养管理

5个月以上的蜗牛已具备繁殖能力。

（1）饲喂：为促使早产卵、多产卵、产好卵、应多喂鲜嫩、多汁饲料，如菜叶、南瓜、西瓜、地瓜、水果等皮渣，并搭配精料。

（2）温、湿度管理：饲养温度控制在23～30℃，湿度控制在70%～80%。

（3）调整密度：5月龄以上，每平方米密度调整为100～150只。

（4）选种：为了获得优质种螺，可在成螺中挑选生长健壮，肉质丰满，头部宽大，额部突出，体形圆滑，黏液分泌多，爬行快，活动敏捷，无疾病、无破损，外壳色泽光洁、条纹清晰，食量大，无偏食、无厌食，体重在50～100克的蜗牛作繁殖种螺。

（5）饲料用螺的催肥：用作饲料的螺，应多喂青饲料，并搭配精饲料进行催肥，使商品螺快速肥大。

（6）越冬管理：当气温降至10℃以下时即进入冬眠，气温降至5℃以下时蜗牛就会陆续死亡。因此，人工饲养蜗牛，必须加以适当的保温，方能确保安全过冬。

①控制温度：越冬室温度必须昼夜控制在20～30℃。若温度降到15℃以下，或忽高忽低，对蜗牛都会造成不良影响。室内加温，一般来说，上层温度高些，下层温度低些，近炉子热些，远炉子冷些，有3～5℃的温差。因此，每隔一定时间要上下左右调换一下位置。蜗牛卵孵化要求温度26℃左右，可把孵化箱放在上层或近炉子旁。成螺可放在中层，以利交配产卵，加速繁殖。1～4月龄蜗牛可放在下层养。也可利用塑料大棚保温。

②控制湿度：冬季，越冬室内的空气和饲养土容易干燥，应该每天在地面上洒1次水，对饲养土也至少每天洒1次与室温相当的温水，以保持湿润。也可采用在木屑炉上浇水的方法来提高空气湿度。

③调节空气：越冬室面积小，放养密度大，易造成室内空气污浊，这对蜗牛生长发育和繁殖极为不利。因此要注意

经常通风换气。

④饲料投喂：可每日或隔日投喂1次，喂量应根据温度及蜗牛的摄食情况灵活掌握。

⑤观察蜗牛的活动情况：平时应注意观察，如发现蜗牛活动有不正常现象，应检查其是否有病或有天敌侵袭，以便及时采取防治措施。

（7）越夏管理：越夏管理主要是降温。温度达40℃时，蜗牛便钻入土层夏眠，长期高温还会使蜗牛死亡。高温季节，除及时清理食物残渣、粪便，以免产生有害气体外，主要是降温。常用的降温方法是喷洒水降温：每天早、晚各喷1～2次水，喷水呈雾状，可降温。喷水中加入适量的庆大霉素等消炎药消毒。

四、蜗牛病虫害的预防与控制

（一）蜗牛疾病的预防

蜗牛病害，重在预防。在日常饲养管理中，应注意饲养场地的卫生管理，勤清理、勤消毒、勤检查。

1. 日常管理

（1）防止温度骤变，掌握好湿度。

（2）合理投喂饲料，投食次数要有规律，饲料种类变换不要太快。

（3）饲养密度适宜，及时分养。

（4）保持环境卫生，经常清理蜗牛的粪便和残食。

（5）发现病蜗牛，及时隔离、治疗，防止疾病传染。

若有病菌感染，可用1/100000的高锰酸钾溶液浸泡1～2分钟，3～4小时后再用1/1000浓度的土霉素或氯霉素浸洗1分钟。

（6）平时在饲料中加土霉素（每千克加饲料0.25克土霉素），连喂5～7天，也可有效地预防疾病的发生。

2. 消毒控制

（1）为防止病原性微生物的侵害，每月应对饲养房周边环境消毒1次，每2周对饲养室消毒1次。有疫情时，每隔1～2天消毒1次。消毒剂应采用0.1%的新洁尔灭或4%来苏儿或0.3%过氧乙酸或次氯酸钠等国家主管部门批准允许使用的消毒剂。为防止天敌螨虫的侵害，应每2周用过氧乙酸溶液喷洒饲养室。

（2）用无刺激的消毒药物定期消毒饲养箱（池），如用4/10000的食盐和苏打溶液合剂或0.1%的高锰酸钾溶液冲洗饲养箱（池）。定期用过氧乙酸稀释液，对蜗牛的养殖场所进行消毒，可杀灭病原微生物。用1/1000的敌百虫溶液喷洒能有效地杀灭蜗牛的天敌。

（二）常见病害防治

1. 白点病

（1）病因：白点病，又称“小瓜虫病”，是由于小瓜虫寄生引起的。虫体很小，最大的像小米粒，前端有一个圆形小孢口，中央有一马蹄形大核，全身长着均匀的纤毛。白点病的流行有明显的季节性，一般上半年3～5月份、下半年9～11月份，都有此病发生。

（2）症状：当其虫体大量寄生时，肉眼可以看到蜗牛头部两侧和蝮足表面有小的白点，严重感染时，腹足干瘪，消瘦无力，足面生长的小自点连成一片，形成一层乳白色的黏膜，成天缩在壳内，最终因不食不喝，瘦弱而死亡。

（3）防治

①用亚硝酸汞溶液每天清洗1～2分钟，连洗3天。

②用0.01%的高锰酸钾水溶液，浸泡2分钟，每天2次，连续3～5天。

2. 脱壳病

（1）病因：饲养土湿度过大或饲养土中缺钙。

（2）症状：蜗牛的壳顶脱落，严重时暴露内脏致死亡。患此病的多为2～3月龄的蜗牛。

（3）防治

①在箱底铺些菜园土，让蜗牛吃土中腐殖质补充钙质。

②饲料中加入1%的熟石灰。或取旧石灰磨碎，让蜗牛摄食。

③投喂钙质较多的饲料，如贝壳粉、骨粉、蛋壳粉等。

3. 烂足病

（1）病因：烂足病，也称“白皮病”，发病时，蜗牛腹足表皮腐烂带泥污，症状明显。此病发展迅速，危害大，死亡率高。

（2）症状：通常受害部位皮肤腐烂；患病蜗牛大都呈呆滞状，不进食，长时间缩入壳内，不伸出活动。机体因缺乏必需的营养物质，一般5～7天后死亡。

（3）防治：用0.04%高锰酸钾对腹足消毒，随后涂金霉素药膏1次/日，连用3～4天。清除饲养环境中的尖硬物，如玻璃、瓦砾等。

4. 僵螺病

（1）病因：一是缺少钙质；二是养殖密度过大。

（2）症状：蜗牛壳表厚而坚硬，没有花纹，没有生长边。

（3）防治：增加饲料中的石灰粉（钙质）比例；降低养殖密度，必要时，可放到室外养殖。

5. 破壳病

（1）病因：饲养箱过高，跌落使其外壳破裂；或运输不当，振动使其外壳破裂。

（2）症状：蜗牛外壳破裂。

（3）防治：降低饲养箱高度；提高运输质量。对破壳的蜗牛要及时隔离处理，先清洗外壳，再用蒸馏水冲洗破损处，然后放入垫有消毒纱布的隔离处喂养。

6. 结核病

（1）病因：环境过湿，造成细菌感染，肠道发炎并传染。

（2）症状：行动呆滞，疲软无力，食欲减退，逐渐萎缩而死。

（3）防治：以预防为主，保持饲养室通风透气，控制饲养土湿度，改用透气性好的木箱饲养。在精饲料中加入0.25%的甲砜霉素，连喂5天，并喷洒0.5%甲砜霉素药液。

（三）天敌的防范

蜗牛是高蛋白低脂肪的上等食品，所以在野外大田养殖时，鸡、鸭、鹅、牛、猪等家畜禽，及乌鸦、老鼠、蛙类、龟、蛇、蚤蝇、步行虫、蟾蜍、獾、蚂蚁、蜻类、真菌等都能侵害蜗牛。人工养殖条件下危害较大的是蚤蝇、壁虱、蚂蚁、老鼠、萤火虫、步行虫、鸟类等。

1. 蚤蝇

蚤蝇成虫灰褐色，体微小，长1～2毫米，能行走、跳跃或飞行，常成双成对，尾部相连，共同依附在顶部，不容易捕杀。蚤蝇是蜗牛的致命天敌，尤其喜吮吸蜗牛幼嫩的肉汁，造成蜗牛大量死亡，它能使幼蜗牛个个空壳而全军覆没。蚤蝇容易滋生于蜗牛尸体及腐烂饲料中，而容易发生于高温季节和冬季保温时期。

防治方法：

（1）保持环境清洁，发现死蜗牛及烂菜叶及时取出，每天更换新饲料。注意室内通风，更换饲养土，用开水浇用具或在太阳下暴晒。

（2）适当提高饲料及池内湿度，提高蜗牛的活动能力和正常黏液的分泌，以提高机体抵抗能力。

（3）发现蚤蝇后，室内用“实际无毒级”的克害威喷洒，同时用沸水浇淋饲养格，或者将小泥板、饲养格以及活动网门搬出室外，用开水冲，在太阳下暴晒等。

（4）用敌百虫药片研细放适量白糖调成糊状，涂于塑料布或窗户的玻璃上。

（5）用蜗牛专用益生素撒于饲养土及蚤蝇容易出现的地方，能收到很好的预防效果。

2. 壁虱

成虫呈乳白色或灰自色，长0.4～0.7毫米。它和蚤蝇一样，在高温、高湿的环境中很适宜生长繁殖。主要危害幼蜗牛，骚扰成蜗牛正常休息。主要寄生在蜗牛体上，吸收蜗牛营养，取食蜗牛肉体，使蜗牛降低抵抗力，身体消瘦而逐渐死亡。壁虱又是大曲霉菌孢子的带菌者，能使蜗牛发生真菌病害而死亡。

防治方法：

（1）增强综合管理能力：控制温度和湿度到最佳状态，投喂饲料要新鲜，保持环境清洁卫生。

（2）采用人工捕杀：将蜗牛放在适宜的水中冲掉壁虱，注意冲洗时间不要超过2分钟。格内用开水刷净，更换新饲养土，然后将洗净的蜗牛放回饲养格里。

（3）用药物杀灭：对饲养格内外用“实际无毒级”标准的克害威喷洒，对蜗牛无任何危害，安全可靠，对壁虱杀灭效果好，用过氧乙酸稀液进行俏毒，也可收到较好的效果。

（4）诱饵扑杀：将半湿半干的鸡、猪粪掺入少量炒香的豆饼或菜籽粉混匀，装入纱布袋中扎紧袋口，放入池旁。壁虱会钻入袋中取食，1～2天后取出用开水浇死，也可在太阳下暴晒。这种方法可连续多次使用。亦可用炒香的小鱼、小虾、骨头肉袋等诱杀。

（5）可将水泥预制板及饲养格全部搬出室外，用开水烫，在阳光下暴晒，将壁虱彻底杀灭。在杀灭过程中将蜗牛集中在其他饲养格中，饲养格放入蜗牛池之前，应将蜗牛用第二种方法清洗，也可把几种方法结合起来，效果更佳。

（6）用蜗牛专用益生素在饲养格中喷洒，可起到较好的预防效果。

3. 蚂蚁

蚂蚁有灵敏的嗅觉和善于攀爬钻洞的本领，它可由饲料的气味引入，也可由饲养土带入。所以饲养土用前应消毒。蚂蚁主要危害幼蜗牛和卵粒，同时会与蜗牛争食饲料，骚扰蜗牛的正常休息。

防治方法：

（1）饲养土消毒。

（2）饲养室周围撒樟脑粉或农药粉剂。

（3）用肉骨头、糖或油条诱出，沸水浇死。

（4）饲养室周围挖沟放盐水。

（5）氯丹粉50克，黏土25克，加水调糊于箱周围划线。

4. 老鼠

老鼠是蜗牛的主要天敌，常会吞食大量蜗牛。

防治方法：

（1）密闭饲养室，防止老鼠入内。

（2）投放各种鼠药进行灭鼠。

（3）养猫以吓跑老鼠，猫不食蜗牛。

5. 萤火虫

萤火虫体长约1厘米，淡黄色，具有发光器。其幼虫呈灰色，特别喜食蜗牛肉汁。当它发现蜗牛时，就爬到蜗牛身上，用带有毒素汁液的刺刺入蜗牛体内，致使蜗牛麻醉。这时，蜗牛虽能排出乳液自卫也无济于事。萤火虫能从嘴里吐出消化酶液体，把蜗牛体内组织器官融化成稀薄的肉汁，然后将肉汁吸入嘴中，1～2天可使蜗牛只剩下空壳和残渣。

防治方法：

（1）用4%鱼藤粉和中性皂各500克，加水250千克，配成药液，在养殖大田或饲养室周围喷雾杀灭萤火虫。该药对蜗牛和食用植物都安全。

（2）饲养室装好纱窗、修好门窗缝隙，防止萤火虫进入。

6. 步行虫

步行虫又名步甲虫，体长4～10毫米，扁平结实，体色黑暗，足细长，有翅但无飞行能力，主要靠步行，其成虫和幼虫都喜欢吃白玉蜗牛。当步行虫发现蜗牛时，便将胃中的消化液由上领内沟注入蜗牛体内，使蜗牛麻痹死亡。蜗牛肉体很快被消化液所融化，而后吸取肉汁，一只步行虫在20分钟内能吃掉2个壳高12毫米的幼蜗牛。

防治方法：

用50％马拉硫磷乳剂稀释1000倍，在养殖大田或饲养室周围喷雾杀灭，效果良好，也可在步行虫侵袭前，将此药喷在防逃网外侧进行预防。

此外，大田饲养蜗牛还应特别注意鸟类啄食蜗牛，封闭饲养，防止鸟类进入。蜗牛还经常受到线虫、鞭毛虫、纤毛虫、吸血虫等寄生虫的危害，须注意防治。

五、蜗牛的采收与利用

（一）蜗牛的采收

1. 采收

蜗牛的采收可根据所养经济动物的种类随时手工采收。

2. 运输

蜗牛短途运输可用箩筐、竹篮装运，长途运输可用木箱或泡沫箱装运。

采用木箱或泡沫箱箱体的四周打几个小孔，以便渗水和透气，喷湿箱体内壁，然后在箱底铺以厚2厘米、湿度20%左右的细沙土。蜗牛装箱不能过满，一般装满箱体的2/3即可，剩余空间用湿的塑料编织袋片填实后加盖钉牢或捆牢。装运时应轻拿、轻放，避免螺壳破损。

蜗牛在运输过程中不能投喂饲料；运输时应注意保持温度在15～20℃；为保证蜗牛的质量，运输时间尽可能控制在48小时内。

（二）蜗牛的利用

蜗牛除利用活体直接用作饲料外，也可加工成粉用以喂养禽畜、鱼虾等。

加工饲料粉时将蜗牛洗净放到烘干炉内进行烘烤、脱水，或冷冻干燥（不要将螺肉放在太阳下直接暴晒，因为太阳的紫外线会破坏螺肉中的营养成分）。烘干后放入粉碎机或研磨机中进行粉碎、研磨成粉。这种蜗牛肉粉或内脏粉、贝壳粉，其蛋白质含量在40%以上，可直接喂养禽畜和鱼虾等，也可以与其他饲料混合加工成复合颗粒饵料，这种饵料在水中可保持12 小时而不散解。养殖1 千克对虾需要用常规配合饵料7～8千克，而采用蜗牛下脚料配制的饵料仅需要4～5 千克即可，可获得较高的经济效益。

第八章

水蚯蚓的培养技术

水蚯蚓又名丝蚯蚓，在我国淡水中的水生寡毛类通称为水蚯蚓。水蚯蚓繁殖快，营养价值高，是鲟、鳜、鲤、鲫、鳅、娃娃鱼及黄鳝等水产动物的主要饵料，因此，养好水蚯蚓可为养殖水产品提供长期稳定的优质动物蛋白饵料，降低养殖成本，提高经济效益。

一、水蚯蚓的生物学特性

1. 水蚯蚓的形态学特征

水蚯蚓（图8–1）是水栖寡毛类中的一大类群，俗称红线虫、丝蚯蚓等，人工养殖的对象，一般选用的有深栖水丝蚓、正颤蚓、指鳃尾盘虫、叉形管盘虫及苏氏尾鳃蚓等5种。各地所产的天然水蚯蚓种类可能不完全相同，但都是当地的优势种群，具有适应本地自然环境条件的生物特性，适合作为人工养殖的对象。

（1）深栖水丝蚓：活体长约10～15毫米、体宽0.75毫米，体重5.78毫克。蚓体由50～70个体节组成，口前叶呈圆锥形，全身只有钩状刚毛，体前端7～8条一束，中部减为

图8-1　水蚯蚓

3～4条一束，最末端1～2条一束。本种对生活环境的适应能力极强，其产量居5种之首，秋、冬、春3季均能高产，仅高温季节的7、8、9月份稍差。深栖水丝蚓的群体产量占全年总产量的60%以上，是一个最适合人工养殖的品种。

（2）正颤蚓：活体长约20～30毫米、体宽1毫米，体重6.76毫克。蚓体分60～80节，口前叶为钝锥形，背腹刚毛始于第2节。身体前端背面每束刚毛由1～3条发状刚毛和3～5条针状刚毛组成，本种在周年各月的产量相对最为稳定，秋、冬季（10～12月份）略高，可以认为它是一个更喜低温的种类。正颤蚓的群体产量占全年总产量的20%左右，是生产中的一个主要品种。

（3）指鳃尾盘虫：单体长约5毫米，因能行无性分裂繁殖，所以连芽体长度在内达6～12毫米长，体重5.06毫克。蚓体分9～26节，无吻，身体大部分呈血红色。本种在高温的7、8、9月份的生长与繁殖速度最快，产量所占的比例也大，而在其他月份则较低。可认为它是偏爱高温的种类，在生产中有重要的接茬互补作用，其群体产量约占全年总产量的10%左右。

（4）叉形管盘虫：体长约25毫米、宽0.5毫米，体重1.42毫克，有体节18～25个。本种的生态特点与指鳃尾盘虫相似，在高温季节其产量比重大，其他月分则显著减少，也是喜高温的种类。尽管其群体产量只占全年总产量的5%以下，但在生产中同样起接茬互补作用。

（5）苏氏尾鳃蚓：这是水蚯蚓家庭中个体最大的一种，活体长达150毫米以上，宽1～1.25毫米，体重50.55毫克。体色淡红至深紫色，尾部每个体节有1对丝状鳃（整条蚓至少有60对以上）。本种在群体中所占年总产量不足5%。

2. 主要生活习性

水蚯蚓喜生活在有机质丰富的微泥淡水水域淤泥中，潜伏在泥面下10～25厘米处，低温时深藏于泥中。水蚯蚓喜暗畏光，不能在阳光下暴晒，以食泥土吸取其中的有机腐殖质、细菌、藻类为生。

水蚯蚓2个月左右性成熟，雌雄同体，异体受精，卵粒包藏在透明胶质膜构成的囊状蚓茧中。1个蚓茧内含卵1～4粒，多则7粒。生殖期每一成体可排出蚓茧2～6个。蚓茧孵化期在22～32℃时为10～15天，引种后15～20天即有大量幼蚯蚓密布土表，幼蚓出膜后常以头从茧的柄端伸出。刚孵化出的幼蚓体长6毫米左右，像淡红色的丝线。当见水蚯蚓环节明显呈白色时即达性成熟。人工培育的水蚯蚓的寿命约3个月，体长50～60毫米。

3. 对环境条件的要求

水蚯蚓对水的要求主要是水温要低，溶氧量高和pH值较低。在喷水缓流时要保证所有水蚯蚓都能接触新鲜水。

首先，水温最好低于20℃，用这样的水养殖水蚯蚓的成活率高。

其次，通过喷水，水中溶氧量增加。从水蚯蚓的体色可以看出水蚯蚓的鲜活状况，水质清新，水蚯蚓体鲜红色，整片呈毡毯状；若体色变为暗红色，就是缺氧的表现；若持续缺氧，蚓体不活动，毡毯状的蚓群体中部分凹下，凹下部分的水蚯蚓活动力极弱，这时已开始死亡，要及时除去以免蔓延。

第三，养殖水的pH值以6.0～7.5为宜。若用浮游植物生长较好的池水（pH值8以上）作为水蚯蚓养殖用水，水蚯蚓死亡率较高。

二、水蚯蚓养殖前的准备

（一）养殖场地的选择

水蚯蚓和其他水生动物一样离不开水，所以养殖池应建在有水源保证的地方。实践证明，城郊生活污水沟旁的零星空地、热电厂排水沟边、小溪河旁、水库坝下、鱼（种）场（站）的渗漏水集散地都是建池的好地方。

（二）养殖方式的选择

水蚯蚓池养、田养均可，但以池养产量最高。适宜水深3～5厘米，要求水质清新、溶氧丰富，pH值以6.0～7.5为宜，养殖池最好保持微流水。

水蚯蚓池宜建成长条形，长10～30米、宽1～1.2米、深0.2～0.25米，这样的养殖池便于精养细管并夺得高产。池埂最好用0.25米宽的条石砌成，也可用砖和水泥等建材构筑，以方便饲养管理人员行走踩踏。池底最好铺上石板或打上“三合土”（硬底池可不处理）。要求蚓池有0.5%～1%的比降，并在较高的一头设排水沟和排水口，进、排水口均需要安装栅栏，以防鱼类、螺等生物敌害闯入。

注意，蚓池要有一定的长度，否则投放的饲料、肥料很大部分会被流水带走。如果受场地限制无法建成长条池时，可因地制宜建成曲流形、环流形池等。

（三）饲料选择与配制

水蚯蚓主要取食泥中的有机腐屑，特别爱吃具有甜酸味的饵料，畜禽粪、生活污水、农副产品加工后的废弃物是它们的主要饵料来源。有些资料中介绍说所投粪肥应先充分发酵，否则粪肥会在在池内发酵产生高热烧死水蚯蚓。但在实际生产中，粪肥可以不经过发酵工序而直接投喂水蚯蚓，且水蚯蚓的长势更好。因为经过发酵的粪肥中的许多营养物质被转化成水和无机盐，水蚯蚓不能利用这些无机盐作为营养源，因而长势弱，生产成本也高。但是，发酵的粪肥也有其有利的一面，生产出的水蚯蚓有害细菌和寄生虫卵等较少。生产者可综合考虑选择自己需要的生产方式。

三、水蚯蚓的饲养与管理

（一）引入种源

水蚯蚓对环境的适应能力较强，所以在引种时间上没有十分特殊的要求，我国南方地区几乎一年四季都可引种接种，北方地区则应在水温达到10℃以上时引种培育。通常以春季和初夏引种培育的当年产量比较高。

水蚯蚓的种源我国各地都不缺乏，不必去异地长途运输。一般来说，大城市内的明沟暗渠、城镇近郊的排污沟、排污口、港湾码头和禽畜饲养场及屠宰场、皮革厂、制糖厂、食品厂等的废水坑凼等处，天然水蚯蚓比较丰富，可以就近采种。

1. 捕捞工具

捕捞丝蚯蚓的主要工具是长柄抄网（图8-2），它由网身、网框和捞柄3部分组成。网身长1米左右，呈长袋状，用每寸24目的密眼聚乙烯布裁缝而成，网口为梯形，两腰长40厘米左右，上底和下底分别为15厘米和30厘米。网架框由直径8～10毫米的钢筋或硬竹制成，捞柄是直径4～5厘米，长2米的竹竿或木棍。

图8-2　长柄抄网

2. 捕捞方法

首先选择适宜捕捞的场所，要求江底平坦，少砖、石，流速缓慢，水深10～80厘米的地方捕捞。作业时，人站在水中用抄网慢慢捞取表层浮土，待网袋里的浮土捞到一定数量时，提起网袋，一手握捞柄基部，另一手抓住网袋末端，在水中来回拉动，洗净袋内淤泥，然后将水蚯蚓倒出。

3. 运输

注意作种的水蚯蚓不必淘洗得很干净，可连同部分泥、渣一起运回，下种时适当折算成纯水蚯蚓就行，因为淘洗不仅损伤蚓体，而且会把大量的蚓卵（卵茧）也洗掉。

（二）放养繁殖

1. 制备培养基

制作优质培养基，不仅能为水蚯蚓提供良好的生活、生长、繁殖环境，而且是缩短产品采购周期从而获得高产的又一技术关键。培养基的底料可选用富含有机质的污泥，例如鱼池底部的淤泥、稻田肥泥、污水沟边的黑泥等，掺进适量的疏松物（甘蔗渣等）、有机物（牛粪等）即成。

向蚓池装填培养基的程序是先在池底铺垫一层甘蔗渣或其他富含糖分的纤维物，用量为2～3千克/平方米。随即铺上一层污泥，使总厚度达到10～12厘米，加水淹没基面浸泡，2～3天后施基肥，用量为猪、牛、鸡粪共10千克/平方米。接蚓种前再在表面铺一层厚约3～5厘米的污泥，撒上一薄层经发酵处理的麸皮、米糠、玉米粉等混合饲料，用量为150～250克/平方米。最后加水，使培养基面上有2～5厘米的水层。这时就可引来水蚯蚓种进行接种了。

2. 接种

接种工作比较简单。接种前切断进水和出水，田内保持2～3厘米的水，然后将采回的水蚯蚓种均匀洒在培养基表面。试验结果表明，以每平方500～750克的接种量较为经济、合理。1小时后，待水蚯蚓叫钻入泥中后恢复流水，接种即告结束。

（三）日常饲养与管理

1. 投料

投饲是养殖环节中较重要的一环，在生产高峰期，3天左右投喂1次，每次每亩投粪肥50～100千克，兑水搅成糊状全池泼洒，有助于获得高产。投饲前至投饲后半小时应停水，避免粪肥流失，投饲需要遵循气温高多投、气温低少投的原则，还要根据预期产量来调节投饵量。日常管理应密切注意田内剩余饵料的多少，切不可盲目多投以此来获得高产，蚓田内有机质积累太多反而会因发酵产生大量的有害物质，抑制水蚯蚓的生长和繁殖，严重影响产量。

2. 水体管理

水体管理是饲养水蚯蚓绝对不能缺少的一个环节。方法是用“T”形木耙将蚓池的培养基认真地擂动1次，有意把青苔、杂草擂入泥里。擂池的作用，一是能防止培养基板结；二是能将水蚯蚓的代谢废物、饲（肥）料分解产生的有害气体驱除；三是能有效地抑制青苔、浮萍、杂草的繁生；四是能经常保持培养基表面平整，有利于水流平稳畅通。

水深调控在3～5厘米比较适宜。早春的晴好天气，白天池水可浅些，以利用太阳能提高池温，夜晚则适当加深，以利保温和防冻；盛夏高温期池水宜深些，以减少光辐射，最好预先在蚓池上空搭架种植藤蔓类作物遮荫。

太大的水流不仅会带走培养基面上的营养物质和卵茧，

还会加剧水蚯蚓自身的体能消耗，对增产不利。但过小的流速甚至长时间的静水状态又不利于溶氧的供给和代谢废物等有害物质的排除，从而导致水质恶化，蚓体大量死亡。通常每亩养殖池每秒钟有0.005～0.01立方米（5～10千克）的流量就足够了。

进出水口应设牢固的过滤网布，以防小杂鱼等敌害进入。但投饵时应停止进水，每3天投喂1次饵料即可。每次投喂量以每平方米0.5千克精饲料与2千克牛粪稀释均匀泼洒，投喂的饲料一定要经16～20天发酵处理。

水蚯蚓养殖期间，培养基质表面会生长一层青苔，对水蚯蚓生长极为不利，但不能用硫酸铜杀灭，只能定期用工具刮除。

四、水蚯蚓病虫害的预防与控制

水蚯蚓对水中农药等有害物质十分敏感，所以工业废水、刚喷洒过农药的田水或治疗鱼病的含药池水都不能进入水蚯蚓培育池。同时还要防止青蛙以及鱼类进入池中。一些家禽、水鸟也喜食水蚯蚓，也应想办法防范。

五、水蚯蚓的采收与利用

（一）水蚯蚓的采收

1. 采收

水蚯蚓的繁殖能力极强，孵出的幼蚓生长20多天就能产卵繁殖。每条成蚓1次可产卵茧几个到几十个，一生能产下100万～400万个卵。新建蚓池接种30天后便进入繁殖高峰期，且能一直保持长盛不衰。但红线虫的寿命不长，一般能活80天左右，少数能活到120天。

因此及时收蚓也是获得高产的关键措施之一。采收方法可采取头天晚上断水或减小水流量，造成池缺氧，此时的水蚯蚓群聚成团，漂浮水面。第2天一早便可很方便地用聚乙烯网布做成的小抄网舀取水中蚓团。每次蚓体的采收量以捞光培养基面上的“蚓团”为准。这种采收量既不能影响其群体繁殖力，也不会因采收不及时导致蚓体衰老死亡而降低产量。

为了分离水蚯蚓，可把一桶蚓团先倒入方形滤布中在水中淘洗，除去大部分泥沙，再倒入大盆摊平，使其厚度不超过10厘米，表面铺上一块罗纹纱布，淹水1.5～2厘米深，用盆盖盖严，密闭约2小时后（气温超过28℃，密闭时间要缩短，否则会闷死水蚯蚓），水蚯蚓会从纱布眼里钻上来，揭开盆盖提起纱布四角，即能得到残渣滓完全分离的纯水蚯蚓。此法可重复1～2次，把渣滓里的水蚯蚓再提些出来。盆底剩下的残渣含有大量的卵茧和少许蚓体，应倒回养殖池继续让其孵化生长。

2. 暂养与外运

若当天无法用完，应将水蚯蚓暂养。每平方米池面暂养水蚯蚓10～20千克，每3～4小时定时搅动分散1次，以防集结成团缺氧死亡。需要长途运输时，途中时间超过3小时以上的，应用双层塑料膜氧气袋包装，每袋装水蚯蚓不超过10千克，加清水2～3千克，充足氧气。气温比较高时袋内还需要加适量冰块，确保安全抵达目的地。冰块可用小塑料袋装盛，并扎紧袋口后放置四周。

（二）水蚯蚓的利用

水蚯蚓是许多水生动物苗种期喜食的开口饵料，更是鲟、鲤、鲫、鳅、娃娃鱼及黄鳝等底栖鱼的主要饵料。

第九章

卤虫的培养技术

卤虫也叫丰年虫、盐水丰年虫、丰年虾，是一种广温广盐广分布的小型低等甲壳动物。

卤虫具有很高的营养价值，蛋白质含量达80%以上，含有多种激素，是海水或淡水许多经济动物幼体或成体的重要活饵料之一。特别是卤虫的无节幼体，即卤虫休眠卵刚孵出的幼体，在1～2天内含有大量的卵黄，营养丰富，是蟹鱼虾类幼体的优良饵料。卤虫不仅产量高，来源丰富，而且具有生长快、生活周期短、适应力强、容易培养的特点。它的休眠卵能长时间保存，需要时可随时孵化，获得幼体。近几年来，在人工配合饲料中添加卤虫卵粉饲喂蟹、鱼、虾幼体又获得了比较理想的结果。据报道，当前世界上85%以上的水产养殖动物的育苗都以丰年虫作为饵料的来源。

一、卤虫的生物学特性

1. 卤虫的形态学特征

卤虫卵孵化出幼体以后，幼体经几次蜕皮变态，才能发育成为成虫（图9–1）。

卤虫属于节肢动物门、甲壳纲、鳃阻亚纲、无甲目、盐水丰年虫科。卤虫成体身体细长，全长约1.2～1.5厘米，明显的分为头、胸、腹3部分，不具头胸甲。卤虫体色随着生活的水体环境不同而变化。一般情况下，水体中盐度适中，体色呈浅色，以灰白色较为常见；如水域呈高盐浓度，则体色变红，且个体变小；如果在盐度较小、藻类繁多的水域生长，则体色呈藻类颜色，常为黄绿色。

图9-1　卤虫

有时雌性个体在最末对躯干肢的后方腹面有卵囊，为大而长椭球形的囊状体，其内充满粒状卵。休眠卵具有比较厚的外壳，圆形，浅红褐色，直径200～280毫米。

2. 主要生活习性

卤虫具有很广适应性，繁殖生长快，卵可以长期保存，便于传播，因此，天然分布范围很广。

（1）盐度: 卤虫对盐度适应性很广，一般要求盐度在70‰以上。

（2）温度：卤虫成体的适应温度范围在15～35℃之

间，最适温度为25～30℃，当温度低于15℃时，发育缓慢。孵化时适应范围较小，约为15～40℃，最适宜范围25～30℃。

（3）溶解氧和pH值：卤虫的耐低氧能力很强，可生活于每升1毫克氧气的水中，也能生活于含饱和氧或1.5倍的溶氧过饱和环境。卤虫成虫适宜的pH值在8～9之间，pH值低于8时会降低孵化率。

（4）食性：卤虫是典型的滤食性生物，只能滤食50微米以下的颗粒。对大小5～16微米的颗粒有较高的摄食率。在天然环境中主要以细菌、微藻和有机碎屑等为食。

（5）运动及趋性：喜逆水游动。成虫不喜强光，而幼体有强趋光性。

（6）敌害：卤虫生活的高盐环境使它能逃避大多数可能的捕食者，但它不能逃避水鸟的危害。某些昆虫或其幼虫(如半翅类、甲虫等)也能捕食卤虫。

（7）产卵习性：卤虫为雌雄异体，但在春、夏季行孤雌生殖，平常所见者为雌体，雄性较少见到。从6月份下旬到11月份下旬都为卤虫的繁殖期，在春、夏季雌体产生卵（非需精卵），成熟后不需要受精便可孵化为无节幼体，发育成雌虫。秋季环境条件改变时，则行有性生殖，此时雄体出现，雌雄交尾产生休眠期（又称冬卵）。秋、冬季节，温度下降、盐度降低、溶解氧降低达2毫克/升等环境因子的变化，均可导致卤虫产生休眠卵，休眠卵漂浮于水面或悬浮于水中，能在水底淤泥中渡过严寒，能在干燥或其他恶劣环境生存，故可长期保存。

卤虫(雌性)每次产卵10～250粒，一生产5～10次卵，每个虫体可生存3～6个月。

二、卤虫养殖前的准备

（一）养殖场地的选择

培养池应选择建造在有大量无污染的高盐海水、地势平坦、底质无渗漏的制造海盐的盐场或内陆湖的高盐盐场及其周围的浅滩水域，水源的盐度应在70‰以上，pH值在7.8～8.9。

卤虫培养池的建造形状以长方形为宜，水深应保持在40～50厘米，比较大的培养池最好设有环沟，沟深20厘米左右，这样就可以在水温过高时给卤虫一个低温的栖息环境。

培养池应具有进排水系统，进水渠道应有2个：一个进低盐度海水，与海口或鱼虾池相连通；另一个进高盐度海水，与晒盐的蒸发池或与高盐度的海水区相连通。

排水闸也应有2个：一个应低于池内最低处（环行沟）；一个建于较高水位处（环行沟以上）。

进水闸门由三层构成：外层是板闸，即进水总开关，中层是20～40目的筛绢网，内层是80目的筛绢网，以避免一些大的污染物和大型的敌害生物进入池内。

（二）养殖方式的选择

1. 小型培养容器培养

小型培养容器有各种玻璃培养缸、水族箱、广口水缸、小水泥池等。国外还有些专门设计的培养装置，如连续培养装置、自动饲养装置等。

2. 大面积培养

大面积培养卤虫，可用水泥池，也可用土池。培养池深度约1米，其大小和数量可根据实际需要而定。水泥池的面积20～50平方米，土池的面积以0.5～10亩，不超过20亩，池子太大则不方便管理。土池还要围堤坚固，不渗漏，并设法防止池岸边雨水流入池中，以免盐度降低。

（三）饲料选择与配制

对于饵料，卤虫也有一定的选择，但并不十分严格。一般认为卤虫是一种颗粒性滤食动物，只要大小合适（成体10～50微米，幼体10～30微米），无论何类物质，均可吞食，不能消化、吸收的就以粪便形式再排出来。卤虫饵料必须是颗粒状，否则即使营养丰富，也只能使其生长至后无节幼体，进入成虫期后不能取食液状食物。

自然界中卤虫主要以藻类、细菌及一些有机物为食，食性较为广泛。人工培养时，饵料利用以下几种：

（1）单胞藻类：硅藻类的角毛藻和骨条藻等是卤虫最好的饵料。绿藻类的衣藻、扁藻、盐藻等都是卤虫的好饵料。投饵量以投饵后培养海水略具淡的藻色即成，每天投喂2次。

（2）鲜酵母、干酵母粉、酵母片、单胞藻干燥粉、绿叶粉经研磨，加水搅拌，静置沉淀0.5～1小时，取上清液投喂，每次2次。每次用量为每升水体3～5毫克。

（3）大豆粉与面粉混合、虾粉与面粉混合，用大豆粉与面粉或虾粉与面粉按干燥物1∶1混合投喂，每升水体每次投喂量为0.02克，每天投喂2次。

三、卤虫的饲养与管理

（一）引入种源

1. 引入自然成体卤虫

在春、夏季用小推网（网口40目、网袋90目）捕捞自然生长的卤虫，放到提前准备好的海水容器中，要求容器中的海水与成体卤虫的重量比要大于20∶1，应少捕快运，减少采捕的卤虫在容器内的滞留时间，避免挤压，减少死亡。

2. 引入卤虫卵

卤虫卵除购买外，也可自行捕捞。虫卵的采收季节是在秋天，但春天也有少量卤虫卵可供采收。

卤虫卵常被风浪冲击到岸边堆积在一起，呈浅红褐色。可直接从岸边刮取，或用特制的小抄网（网口40目、网袋60目）在下风处捞取漂浮于水面或悬浮水中的卤虫卵。另外，也可在池边挖坑或构筑浮栅，使卵集中在局部水体中，以便采收。

（二）放养繁殖

1. 清除敌害

清池的常用药物有漂白粉、氨水、五氯酚钠、生石灰等。

（1）漂白粉：清池的漂白粉用量为60克/立方米，使用时先加入少量水调成糊状，再加水稀释泼洒，漂白粉清池可杀死鱼类、甲壳动物、藻类和细菌，清池后4～5天药效消失。

（2）氨水：清池的氨水用量为250×10^{-6}，使用时稀释后泼洒，氨水清池可杀死鱼类、甲壳动物及其他动物，并有肥水作用，清池后3～4天药效消失。

（3）五氯酚钠：清池的五氯酚钠用量为（3～5）$\times 10^{-6}$，用水溶解后均匀泼洒，五氯酚钠清池可杀死鱼类、甲壳动物、螺类和水草，数小时后药效消失。

（4）生石灰：清池的生石灰用量100～150千克/亩，先化成浆，然后再全池均匀泼洒，1周后药效消失。

2. 进水

所用药物药效消失后，即可往池中注入新鲜海水。进水时要严格过滤海水，尽量采用比较小孔径的筛绢网，以最大限度地阻止敌害生物入池。

3. 施肥培育池内基础饵料

为了保证卤虫下池有足够的饵料生物，进水前后应施肥培养池内的基础饵料。施肥量要求氮肥1～2克/立方米，磷肥0.1～0.2克/立方米，每隔2天施肥1次，但也要观察水色灵活追肥，采取“少量勤施”原则，使藻类繁殖达到高峰，为接种卤虫做好准备。

施肥前最好能接入部分适高盐藻类，如杜氏藻、大扁藻、盐藻等复合藻液，这样更利于藻类的培育和形成较好的卤虫饵料种群。

4. 晒水

晒水是卤虫培养中不可缺少的步骤。

为了更快更多地繁殖池内基础饵料，开始纳入的海水盐度要低些，以后要慢慢提高进水盐度，使适高盐藻类大量繁殖。纳入海水后应晒水半个月以上，使盐度渐升至90‰以上，另外晒水还可以提高水温，促使敌害生物如枝角类等因高温度盐度不适而死亡。

5. 接种

卤虫当池中饵料生物达到一定数量，透明度在30厘米左右，池水温度稳定在20℃左右时，即可接种卤虫进行培养。

（1）接种方式：接种的方式有以下 3 种方式。

①把买来或自行采集的卤虫卵洗净后直接放入池中孵化培养。此法要求水温要高些，以提高孵化率，防止卤虫卵的浪费。接种的密度为0.2～0.3克/立方米。

②把买来或自行采集的卤虫卵用特制的卤虫孵化桶孵化出无节幼体后投放，接种时应注意从上风口顺风缓缓接种入池，以使池内接种均匀。投放无节幼体的密度为3000～5000个/立方米。

③采捕自然成体卤虫投放：采捕自然成体卤虫的接种密度为1500～2500个/立方米。

（2）接种注意事项：接种时间尽量安排于傍晚，此时的水温最高，有利于无节幼体恢复活力；在大风条件下，须在背风的池边将无节幼体虹吸到池中，防止无节幼体被冲到岸边；如果孵化地点距离养殖池较远，就需要在运输时降温充氧气。在计算接种密度时要考虑卤虫卵的孵化率、无节幼体的成活率等因素。

6. 孵化条件

卤虫卵孵化的条件是影响虫卵孵化率的重要因素。孵化条件的控制主要标准如下。

（1）孵化密度与溶解氧：孵化卤虫卵的密度为3克/升。孵化时要求最低溶氧浓度为3毫克/升，而当溶解氧降至0.6～0.8毫克/升，孵化完全受到抑制。

（2）温度：卤虫休眠卵在15～40℃都能孵化，但最适孵化温度为25～35℃，如果孵化温度低，则孵化的时间就会延长，而且孵化率也比较低。

（3）盐度：在控制好pH 的条件下，盐度稍低有利于卵的孵化。25‰～35‰是生产中常用的孵化盐度范围。

（4）光照：一般情况下在弱光照（1000勒）下孵化，可获得好的孵化效果。

（5）过氧化氢：过氧化氢能够激活卤虫的休眠卵，提高其孵化率。通过多次实验证明，在孵化器中施用0.1～0.3毫升/升过氧化氢效果最好。无节幼体的孵化率可通过这种方法从30%～50%提高到70%～80%。

（6）冷冻：为了提高和稳定孵化率，当年采收的卤虫休眠卵，在用作孵化之前，必须经过1次潮湿冷冻的处理，其孵化率才有显著提高。

除此之外，卤虫休眠卵的孵化率还与卵的产地、季节、加工方法、保存状态和保存时间有密切关系。如条件适宜，休眠卵会在1天孵化成无节幼体。孵化时间越短，刚孵出的虫体体型较小，且活力好、不易沉底，则卵质越好；如果孵化时间超过24小时，孵化时间越长，则卵的质量越差。

（三）日常饲养与管理

1.保持池中藻类的数量在适宜范围内

在培育过程中，还应视水色和透明度状况，适时施加肥料，保证藻类繁殖所需要的营养盐，使藻类繁殖的数量不断增加，满足卤虫的摄食需要。

2.卤虫培养过程中的投饵

为保证池中培养卤虫的饵料供应，除在池中施肥培养饵料生物供给卤虫摄食外，还可以补充饵料或者完全依靠投喂人工饵料。投饵应根据少量多次的原则，投饵过多不仅浪费饵料还能引起水质的恶化，投饵过少则不能满足卤虫的营养需求。

卤虫主要是滤食性摄食，对于一些大型饵料要用粉碎机粉碎，再加水制成糊状，稀释后全池泼洒。

3.换水

不投饵的开放培养池一般不换水也不致缺氧。但饵料的培养池尤其是密度较大的培养池，应采取适量换水的措施以补充蒸发掉的海水，减少因盐度上升对卤虫成体体长的增加而带来的负面影响，另外可以交换出培养池中在培养过程中产生的废物。加水可进低盐度的海水，也可进有机质丰富的低盐度的河口海区的海水和养虾场的废水，以更好地补充饵料，促进卤虫的生长。排水时若遇大暴雨或连日降雨天气，应将排水闸的上层闸板打开，排掉上层淡水，以免盐度骤降或缺氧。

4. 卤虫生产情况的日常检查

（1）在卤虫的培养过程中，要勤观察卤虫的生长和活动情况。观察卤虫的摄食情况、生殖方式、健康状况和体色等。正常的卤虫是仰泳，两排游泳足不断划水，在运动中滤食。

（2）在卤虫的培养过程中，应注意对水环境进行观察和测定。注意水色和透明度的变化，要经常测定水的温度和盐度，温度应保持在30℃以下，盐度维持在90‰左右。

（3）在卤虫的培养过程中，要经常测池内卤虫的密度。卤虫密度的测定方法有2种：一种是每天在培养池的不同地方选点，用大烧杯取样，计算其平均数；另一种是用浮游生物拖网（面积S）拖一定距离X，数出所拖得的卤虫个数Y,则池内卤虫的密度为Y/XS，后一种方法算得的数据比较准确。

四、卤虫病虫害的预防与控制

卤虫体质纤弱、性格温顺，极易为多种动物所食。在低盐度(盐度45‰以下)的自然水体中，几乎不存在天然种群。在高盐度(70‰以上)水中，耐高盐的生物不多，敌害相对较少，但也有不少耐高盐的昆虫类及其幼虫(如盐蚕豆虫、卤蝇等)、鱼类(如鲻鱼、梭鱼、遮目鱼等)，可大量捕食盐田中的卤虫。甚至一些水禽、鸥鸟等也是捕食卤虫的能手。要注意严格清池，进水严格网滤、及时钓除、惊驱等。卤虫还可被共生性原核生物、螺旋体、真菌、病毒等感染，在培养过程中，应引起注意。

五、卤虫的采收与利用

（一）卤虫的采收

卤虫约经半个月的培养长成成体并繁殖后代，当培养池中卤虫达到一定密度后，即可收获。

1. 采收

卤虫约经过半月的培养长成成体并繁殖后代，当池中卤虫密度达到一定水平，通常在200～3000个/升时，即应开始采捕。收获成体卤虫，可用塑料丝网布、纱布、粗网目的筛网、筛绢制成的抄网在池中直接捞取。收获卤虫的无节幼体，可利用光诱使无节幼体集中，再用8～12目筛绢制成的抄网捞取。虫卵收集则采用80～100目的小眼捞网。

为了保持饵料持续供应，应采取连续培养，合理计划收获的方法。1 次捕捞量不要过多，并加强培养管理，保持池中有足够数量的卤虫，并于捕后施肥增饵，调节盐度，促之再生，再捕；直至秋季，停止采捕卤虫，开始收卵，最后收卵完毕。如果人为创造适于卤虫生长繁殖的生态条件，在受控盐池中培养卤虫，每天每公顷可收鲜卤虫40千克。如果气候适宜，每天每公顷可收获干卤虫卵0.6千克。刚采集的卤虫卵(丰年虫卵)切忌堆积。

2. 保存

采收回来后，应及时把与休眠卵混杂在一起的卤虫成体及其他杂物出去，然后用海水反复冲洗，把附在卵粒表面上的污物洗去。将冲洗好的休眠卵放在吸水纸或粗布上，暴露在空气中干燥。干燥后用孔径0.25～0.30毫米的筛绢过筛，装袋。如果有冰冻条件，可将休眠卵先用海水浸透，然后置于-15～-25℃的冰冻条件下，经10～30天冷冻，再取出晾干，即可包装出售或应用。经冷冻后的休眠卵孵化率较高，卤虫的休眠卵可保存数年之久。

（二）卤虫的利用

利用卤虫喂食的最佳时机为鱼苗孵化后，刚把卵黄吸收完毕，可以开始自由游动时。投喂时需注意小鱼是否已有能力吃下卤虫，有能力吃下卤虫的小鱼通常在几分钟后，便可由目视观察到 1 个橘红色的大肚子。而无节幼虫在孵化后几小时内就会进行变态，此时其大小会变大，可能某些品种的小鱼已经吃下了，因此随时保有刚孵化的无节幼虫对于小鱼的第一餐是很重要的，在正常的情形下在18小时后卤虫卵便开始渐渐孵出，一直到48小时以后才会停止孵出，因此在孵化丰年虾时最好分批孵化，批与批之间间隔6～24小时，如此可确保随时有刚孵出的无节幼虫以供利用。

参考文献

1 王太新. 饲料用虫养殖新技术与高效应用实例. 北京：海洋出版社，2010

2 孙得发. 饲料用虫养殖新技术. 咸阳：西北农林科技大学出版社，2005

3 胡萃. 资源昆虫及其利用.北京：中国农业出版社，1996

4 刘玉升. 黄粉虫生产与综合应用技术. 北京：中国农业出版社，2006

5 陈彤等，黄粉虫养殖与利用. 北京：金盾出版社，2000

6 何风琴. 蝇蛆养殖与利用技术. 北京：金盾出版社，2008

7 刘明山.蚯蚓养殖与利用技术.北京：中国林业出版社，2008

8 亢霞生等.蚯蚓高效养殖技术.南宁：广西科学技术出版社，2008

9 陈德牛.食用蜗牛养殖技术. 北京：金盾出版社，1997

内容简介

饲料用虫养殖是近年来新兴起的一项养殖业，是解决我国动物性饲料来源短缺的重要途径之一。本书通过通俗易懂的语言，详细地介绍了黄粉虫、蚯蚓、蝇蛆、田螺、福寿螺、河蚬、蜗牛、水蚯蚓、卤虫饲料用虫的生物学特征、饲养与管理、病虫害预防与控制及利用技术，是畜禽养殖、水产养殖及相关养殖场（户）养殖动物性饲料的理想参考书。